AF783981

Der Autor

Robert Günter Panz,

1935 in Duisburg geboren, absolvierte eine kaufmännische Lehre bei Mannesmann, ehe er an der Universität Köln sein Studium als Diplom-Kaufmann abschloß. Nach Aufgaben in leitender Stellung in verschiedenen Branchen (Ölindustrie/Datenverarbeitung/Stahl) war er drei Jahre wissenschaftlicher Mitarbeiter einer Großstadt am Rhein und Verbandsgeschäftsführer des Zweckverbandes Niederrhein, der maßgeblich den Bau und Betrieb der Müllverbrennungsanlage Oberhausen-Lirich durchführte. Von 1972–1976 leitete er die Geschäfte der größten interkommunalen Deponie Westdeutschlands.

ISBN 978-3-409-01706-0 ISBN 978-3-663-13082-6 (eBook)
DOI 10.1007/978-3-663-13082-6

Dieser Studientext ist selbständiger Bestandteil einer Fortbildungsreihe, die auf dem Konzept des DIHT zur Fortbildung zum Fachkaufmann für Einkauf/Materialwirtschaft beruht.

© Springer Fachmedien Wiesbaden
Ursprünglich erschienen bei Bundesverband Materialwirtschaft und Einkauf e. V. BME, Frankfurt/Main 1979.

Alle Rechte vorbehalten.

Recycling

Von Robert Günter Panz

Inhaltsverzeichnis

Einführung

Das Thema soll in einen Grenzbereich der Materialwirtschaft führen, der durch die tagespolitischen Ereignisse immer größere Bedeutung für die Unternehmung gewinnt. Naturgemäß ist in einer marktorientierten Gesellschaft das verkaufsfähige Produkt das Objekt aller Anstrengungen und Leistungen. Produktion und Verkauf stehen im Blickpunkt, andere Bereiche werden als notwendig betrachtet, während das Gebiet der Entsorgung innerhalb der Unternehmung zunächst ohne besondere Beachtung bleibt.

Mit zunehmender technologischer Perfektion, finanzwirtschaftlicher Beherrschung des Produktabsatzes rückt die Güterbereitstellung zur Deckung des Bedarfs plötzlich in den Hintergrund — Schlagworte wie Konsumterror, Abfallgesellschaft u. ä. kennzeichnen den Wandel — und die Frage nach der Qualität der Produktion, nicht mehr des Produkts, gewinnt eine neue Dimension. Damit wird für die Unternehmung die Alternative aufgezeigt, daß es nicht so sehr auf die Qualität des Produktes ankommt, weil die Grundbedürfnisse befriedigt sind, sondern auf die Qualität der Produktion, damit die Beeinträchtigung kleiner bleibe als der Nutzen der Bedarfsbefriedigung. Diese Überlegungen zwingen die Unternehmung, einen Sektor ihrer Existenz sowohl in die Kosten- als auch in die Erlösbetrachtung einzubeziehen, nämlich den Umweltschutz mit seinen Bereichen Luft- und Wasserbelastung, Abfallbeseitigung sowie Rückgewinnung von Kreislaufstoffen aus der Luft, dem Wasser und den Abfällen.

Eine Materialverwertung ohne Reststoffe mit einem Produktionsverfahren ohne Umweltbeeinträchtigung wird in der Zukunft keine Standortprobleme, keine negative Publizität kennen und im Markt dadurch begünstigt sein. Ob die Kosten der angewandten Produktionsverfahren weiterhin nach dem Verursacherprinzip belastet werden müssen oder ob die Wettbewerbsfähigkeit einer umweltfreundlichen Unternehmung durch Kostenübernahme des Staates gewährleistet werden muß, soll Gegenstand der wirtschaftspolitischen Diskussion unserer Gesellschaft bleiben. Hier bleibt zu untersuchen, welche Einflüsse aus den genannten Überlegungen auf die Materialverwertung und die Materialrückgewinnung wirksam werden und welche Methoden angewandt werden, um das Ergebnis allen Wirtschaftens in für die Unternehmung erträglichen Grenzen zu halten.

Dabei sollen auch die Rechtsvorschriften, Regeln und Richtlinien angesprochen werden, mit denen widerstreitende Zielvorstellungen zur Kooperation gezwungen werden. Aber auch die Gesetzgebung, als ein Spiegelbild des wirtschaftlichen Verhaltens im Ablauf der Geschichte zu beobachten, soll verstärkt in die Problematik der Materie einführen. Am Beispiel der Umweltschutzgesetzgebung läßt sich darstellen, welchen Wandel der Begriff des Wirtschaftens von der reinen Bedarfsdeckung und der Vorrangigkeit der Produktion bis hin zur Arbeitsplatzsicherung, Wachstum der Dienstleistung und Beachtung von Entsorgungsproblemen genommen hat. Dieser gesellschaftspolitische Aspekt kann zum Verständnis der im Gesetz angesprochenen Verfahren (z. B. der Planfeststellung) zum vertieften Verständnis beitragen und wird deshalb ebenso Gegenstand der Beschreibung sein wie die reine Interpretation von Auszügen aus dem Abfallbeseitigungsgesetz. Eine vollständige Darstellung aller Problemkreise muß aus

Platz- und Zeitgründen unterbleiben, doch sollte die Anregung zum eigenen Studium gegeben werden.

Aber nicht nur der Ruf nach dem alles regelnden Gesetz sei gewürdigt, sondern auch der Versuch, marktkonforme Maßnahmen auf einem Gebiet zu ergreifen, das sich von der Materie her als äußerst spröde erweist. Abfall ist zunächst kein Gut und besitzt keinen Marktwert. Dieses „Gut" trotzdem mit Hilfe der freiwilligen Selbstverwaltung zu handeln und durch Abfallbörsen in den Materialkreislauf zurückzubringen, bleibt ein ständiger Auftrag, ist aber auch das Verdienst der Industrie- und Handelskammern.

A. Feststellung der überschüssigen Materialien und Anlagen

Lernziel:

Nach Durcharbeiten dieses Kapitels sollten Sie in der Lage sein:

- zu begründen, warum es überschüssige Güter gibt,
- zu erklären, wie überschüssige Güter zu Abfall werden,
- die Entstehung überschüssiger Materialien nach Ort und Zeit zu erläutern.

Als überschüssige Materialien und Anlagen können wir die Güter unserer Wirtschaft bezeichnen, deren wir nicht mehr, noch nicht oder zur Zeit nicht bedürfen.

Damit ließe sich der Überschuß als zeitliches Problem begreifen. Andererseits leuchtet ein, daß manche überschüssigen Güter an einem anderen Ort (Eisberge in der Wüste) zunächst zu Gütern und dann noch zu notwendigen Gütern des täglichen Bedarfs aufgewertet würden, gäbe es das Verkehrs- und Verteilungsproblem nicht. Sie sind offenbar am falschen Ort.

Folgt man dem Grundsatz, daß die Bedürfnisse immer noch steigerungsfähig sind, dann könnte es überhaupt keine überschüssigen Materialien und Anlagen geben, wohl aber solche, die an einem bestimmten Zeitpunkt und/oder bestimmten Ort zu häufig auftreten und dort ihrer richtigen Verteilung harren. Die volkswirtschaftliche Darstellung des Marktprozesses zeigt:

Überschüssige Güter sind solche, die sich auf dem Markt nicht absetzen lassen.

I. Überschüssige Materialien und Anlagen

1. Aus betriebswirtschaftlicher Sicht

Trotz der Erkenntnis, daß es überschüssige Materialien und Anlagen eigentlich gar nicht gibt, hat jeder Betrieb mit eben diesem Überschuß zu tun. Die Produkte von Marktwirtschaftsbetrieben sind in ihrer Herstellung beeinflußt von ihren Produktionskosten und einer angenommenen Bedürfnisbefriedigung (= Absatzchance). Wird der Grad der Bedürfnisbefriedigung zu hoch eingeschätzt, kommt es zur Überproduktion im Verhältnis zur Absatzchance, und wir erhalten überschüssige Güter. Ein ähnliches Ergebnis läßt sich erzielen, wenn aus Gründen der Produktionskostensenkung eine zu hohe Stückzahl aufgelegt wird (Stückkostendegression) und damit am Bedürfnis vorbei produziert wird. Es ist dann zwar ein geringerer Stückpreis im Verkauf möglich, dennoch ergeben sich wegen der zu großen Serie Restbestände (= überschüssige Materialien), die nicht abgesetzt werden können.

Vom Markt her gesehen können wir zwei Möglichkeiten aufzeigen, warum in einem Betrieb Überschuß produziert wird:

① Der Markt ist absolut gesättigt, die Absatzprognose war zu hoch. Trotz Preissenkung und Werbung ist kein weiterer Verbraucher zu gewinnen.

② Der Betrieb beabsichtigt, auf keinen Fall durch markttechnische Maßnahmen den Überschuß abzusetzen, weil er den Preis halten oder die Marktchancen neuer Produkte nicht beeinträchtigen will.

Aus der Sicht der Produktion kann es nicht nur wegen der Stückkostendegression zu Überschüssen kommen, sondern auch, weil wegen der Normen- und Qualitätskontrolle von vornherein mit einem höheren input gearbeitet wird, als für den Markt eigentlich erforderlich wäre.

Überschüssig können aber auch Materialien und Anlagen sein, wenn sie überzählig und überflüssig sind, d. h., wenn wir sie für unseren Produktionsprozeß nicht mehr benötigen. Sie sind dann auch unbrauchbar und werden damit zu Abfall.

2. Aus der Sicht des Abfallbeseitigungsgesetzes

Der § 1 Abs. 1 definiert: „Abfälle im Sinne dieses Gesetzes sind bewegliche Sachen, deren sich der Besitzer entledigen will oder deren geordnete Beseitigung zur Wahrung des Wohls der Allgemeinheit geboten ist."

Der Abfallbegriff des Absatzes 1 besteht aus einem **subjektiven** und einem **objektiven** Teil. Zunächst ist jede bewegliche Sache, deren sich der Besitzer entledigen will, unabhängig von ihrem etwaigen Wert oder dem Grad ihrer Verwendbarkeit Abfall. Das gleiche gilt für solche beweglichen Sachen, deren Beseitigung das Gemeinwohl verlangt.

Die Umwandlung von überschüssigen Materialien und Anlagen in Abfall liegt danach begründet in der subjektiven Entscheidung ihres Besitzers, in ihnen Abfall zu sehen, oder in der objektiven Feststellung, dies sei deshalb Abfall, weil es zur Wahrung des Wohls der Allgemeinheit beseitigt werden müsse. Solange der Besitzer jedoch in ihnen Güter sieht — also überschüssige Materialien und Anlagen —, solange bleiben sie dem Zugriff durch das Abfallbeseitigungsgesetz entzogen, es sei denn, es ist objektiv für jedermann erkennbar, daß es sich nicht um überschüssige Materialien, sondern um gefährliche Abfallstoffe handelt, deren Beseitigung zum Wohl der Allgemeinheit erforderlich ist.

Die rein wirtschaftliche Betrachtungsweise der überschüssigen Materialien und Anlagen erfährt durch das Abfallbeseitigungsgesetz eine Ergänzung in der Weise, daß nunmehr auch solche beweglichen Sachen in die Bewirtschaftung einbezogen werden müssen, die vorübergehend aber auch endgültig ihren Status als Wirtschaftsgut verloren haben. Denn auch überschüssige Materialien und Anlagen, die zu Abfall geworden sind, bleiben Kostenträger.

Zusammenfassend läßt sich aus **wirtschaftlicher Sicht** festhalten, daß alle die Materialien und Anlagen überschüssig sind, die bei einem Produktionsvorgang nicht benötigt werden oder zu viel anfallen und damit im Markt nicht untergebracht werden können. Aus **abfallrechtlicher Sicht** läßt sich konstatieren, daß überschüssige Materialien dann Abfall sind, wenn es sich um bewegliche Sachen handelt, die

a) vom Besitzer aufgegeben oder

b) objektiv als Abfall zu betrachten sind.

II. Wirtschaftskreislauf — Überschuß

Bei dem Versuch festzustellen, wo überschüssige Materialien auftreten, sollten wir uns den Produktionsablauf vor Augen führen.

1. Die Rohstoffversorgung

Schon bei der Gewinnung von Rohstoffen fallen Materialien an, die keine Verwendung in der Produktion haben: Gestein im Bergbau, Deckgebirge im Braunkohlenbergbau, Muttergestein bei der Erzgewinnung.

Selten sind die gewonnenen Materialien in dem Zustand, daß sie sofort in den Produktionsablauf eingeschleust werden können. In der Regel müssen sie aufbereitet und in einen bestimmten Aggregatzustand versetzt werden, um erst dann als Grundstoff für den Produktionsprozeß dienen zu können: Die Kohle kann nicht so, wie sie gewonnen wurde, in den Hochofen eingegeben werden. Sie muß erst in einem Aufbereitungsprozeß in Koks umgewandelt werden. Die moderne Hüttentechnik verlangt die Sinterung des Erzes.

Sowohl bei der Urproduktion als auch bei der Umwandlung der Urprodukte fallen Materialien an, die je nach Wirtschaftslage Nebenprodukte aber auch Abfall sein können.

2. Hilfs- und Betriebsstoffbereitstellung

Hier gilt ähnlich wie bei der Rohstoffversorgung, daß sowohl bei der Gewinnung als auch bei der Aufbereitung Nebenprodukte bzw. Materialien anfallen, die nicht verwertbar, die überschüssig sind, die Kosten verursachen. Solche Materialien können Nebenprodukte sein, dann sind sie brauchbar, haben einen Markt und sind keine überschüssigen Materialien im Sinne von Abfall.

Andere Materialien sind nur mit erheblichem Aufwand in marktfähige Produkte umzuwandeln. Und hierbei scheut man die Umwandlungskosten und betrachtet diese Materialien lieber als Überschuß im Sinne von Ausschuß und Abfall.

3. Produktionsüberschüsse

Dies ist das eigentliche Gebiet, in dem die überschüssigen Materialien anfallen. Aber auch überschüssige Anlagen sind vorwiegend in diesem Bereich zu Hause. Hat sich ein Produktionsprozeß gewandelt, weil der Markt nach anderen Produkten verlangt, so wird das Unternehmen gezwungen, bestimmte Anlagen oder Anlagenteile stillzulegen oder abzureißen. Solche Anlagen werden dann als überschüssig, überflüssig, unbrauchbar bezeichnet. Da sie nicht unter den Abfallbeseitigungsbegriff „bewegliche Sachen" fallen und eine Reihe anderer Gesetze sich mit der Errichtung, dem Betrieb und der Beseitigung befaßt, wollen wir sie aus der weiteren Betrachtung ausschließen.

4. Produktionsausschuß

Im Produktionsprozeß fallen eine Reihe von spezifischen, überschüssigen Materialien an. Dies kann zurückzuführen sein auf Markt- oder Produktionstechniken, die nicht vollkommen genug arbeiten, aber auch im Produktionsablauf selbst begründet liegen, wie nachfolgende Beispiele zeigen:

① Ausschuß durch Fehlchargen

Sei es, daß ein menschliches Versagen in Form der falschen Anwendung einer Rezeptur oder eines Verfahrensganges vorliegt, oder sei es, daß ein generelles menschliches Versagen eine Charge unbrauchbar macht oder so in den Produktionsprozeß eingreift, daß das Produkt nicht mehr den Anforderungen genügt. Die Charge wird unbrauchbar und muß zu Ausschuß deklariert werden.

② Produktionsspezifische Abfälle

Neben den durch Fehlverhalten gewonnenen Abfällen gibt es solche, die nicht vermeidbar sind, weil der Produktionsprozeß in der Regel nicht so vollkommen abgewickelt werden kann, daß keinerlei Abfälle dabei anfallen. Als Beispiel möge der Walzprozeß dienen, bei dem Walzensinter (u. a.) anfällt, ein Abfall, der, da er in der Regel mit Öl vermischt ist, nicht wieder in den Kreislauf des Materials zurückgebracht werden kann.

③ Kreislaufmaterial

Hierbei handelt es sich um Material, das im Produktionsprozeß anfällt, nicht in das Produkt eingeht, jedoch wieder in den innerbetrieblichen Materialkreislauf eingeführt werden kann. (Kopfstücke bei Breitflachstahl werden wieder geschmolzen im Siemens-Martin-Ofen.)

Mit den beispielhaft aufgeführten Begriffen sollte dargestellt werden, daß die Grenze zwischen überschüssigen Materialien und industriespezifischen Abfällen fließend verläuft.

III. Erfassung und Feststellung

1. Erfassungsmethoden im betrieblichen Bereich

Stofflußbilanzen, Mengenbilanzen, Produktions-Ablauf-Aufzeichnungen dienen der Kontrolle des innerbetrieblichen Materialflusses und sollen sicherstellen, daß keinerlei Vergeudung von Material während der Herstellung der Produkte vorkommt. Diese Aufzeichnungen bilden auch die Grundlage für die Erfassung von überschüssigem Material, aber auch von Ausschußmaterial, das unvermeidbar während der Herstellung anfällt.

Oftmals Ursache für das Entstehen von überschüssigem Material ist ein **technisch-kaufmännischer Zielkonflikt.** Der Techniker wird in der Regel so viel produzieren wollen, wie die Kapazität der Anlage hergibt. Der Kaufmann wird versuchen, nur die Mengen aus dem Produktionsablauf zu gewinnen, für die er einen Markt hat oder einen Markt sieht. Dies kann dazu führen, daß der Betriebsleiter nicht die ganze Produktionspalette ausspielt, sondern nur, weil er vorrangig Mengen erzeugen will, einen bestimmten Rahmen, während der Verkäufer an dem gesamten Spektrum interessiert ist.

Die so im betrieblichen Ablauf anfallenden überschüssigen Materialien werden durch die Stofflußbilanzen erfaßt. Großbetriebe der eisenschaffenden Industrie haben die Materialflußkontrolle mittels Prozeßrechner perfektioniert.

Hingegen sind überschüssige Materialien im Roh-, Hilfs- und Betriebsstofflager oder im Versand bzw. im Produktlager nur durch Inventur zu erfassen. Leider ist es in den meisten Betrieben so, daß selbst, wenn Bestandskarteien sorgfältig geführt werden, diese nicht immer Aufschluß darüber geben, ob es sich bei den geführten Beständen um Überschußbestände handelt oder nicht. Die genauen Kenntnisse über die Bedürfnisse des Betriebes versetzt den Lagerhalter in die Situation, überschüssige Materialien zu vermeiden. Eine sorgfältige Abstimmung zwischen ihm und dem Einkäufer läßt den Betrieb erhebliche Kosten sparen.

2. Außerbetriebliche Erhebungen

Um die Wirksamkeit von Erhebungen im außerbetrieblichen Bereich darzustellen, sollen **zwei Beispiele** zitiert werden.

Der Siedlungsverband Ruhrkohlenbezirk hat in Verbindung mit dem Zweckverband GMVA Niederrhein und der IHK Duisburg-Wesel die produktionsspezifischen Abfälle und Rückstände im Bereich des Großraumes Duisburg-Oberhausen-Moers erfaßt. Anhand eines Erfassungsbogens, in dem die einzelnen Fragen systematisiert und katalogisiert waren, hatten die befragten Industriefirmen anzukreuzen den Erfassungszeitraum, Anzahl der Beschäftigten, Erfassung der Abfälle und produktionsspezifische Abfälle nach Art und Menge. Außerdem sollte eine Aussage gemacht werden, durch wen die Abfuhr erfolgt, wo die Materialien behandelt und abgelagert werden, ob eine Wiederverwendung vorgenommen wird und welche Standorte der Behandlung, Ablagerung und Wiederverwertung bekannt sind. Ein solcher Fragebogen zeigt die Problematik für die Betriebe. Einerseits ist es wichtig für sie zu wissen, welche überschüssigen Materialien und Abfälle sie haben, wo sie zu lagern und zu behandeln wären, andererseits können über solche Fragebogen Betriebsgeheimnisse an die Konkurrenz gelangen oder aber Informationen den Behörden mitgeteilt werden, die zu einer Reglementierung des freiheitlichen Betriebsgebahrens führen könnten. Zweifellos könnte der objektive Abfallbegriff den Staat dazu verführen, etwas als Abfall zu reklamieren, was für den Betrieb bei einem bestimmten Beseitigungspreis wieder zu einem Rohstoff werden könnte. Die Ergebnisse einer so geführten Umfrage sind mit entsprechenden Vorbehalten belastet und können daher nicht als repräsentativ angesehen werden.

Eine weitere Untersuchung des Handelskammerbezirks legt die IHK Essen vor, die gewerbliche Abfälle und produktionsspezifische Rückstände für ihren Raum erfaßt hat. Das zusammengefaßte Ergebnis wurde in den Wirtschaftlichen Nachrichten der Kammer veröffentlicht:

„Über 60 % der Abfälle in dem untersuchten Raum sind mineralischen Ursprungs. Es handelt sich dabei um Gießereischutt, Schlacken, Aschen, Bauschutt, aber auch Metallabfälle. Den zweitgrößten Teil der Abfallbilanz stellen mit 21 % die Siedlungsabfälle, während Abfälle pflanzlichen oder tierischen Ursprungs nur etwa 7 % ausmachen.“

Es ist erkennbar, daß das Raster der überschüssigen Materialien bzw. der Abfallarten außerordentlich grob ist, aber offenbar nur bei einem solchen Muster die Gewähr für eine exakte Aussage der Betriebe gegeben ist.

Beide Untersuchungen bezogen sich auf solche überschüssigen Materialien, von denen die Besitzer meinten, daß es sich um Abfälle handele. Nicht erfaßt wurden dagegen solche Materialien, die objektiv den Abfällen zuzurechnen gewesen wären, die aber von den Besitzern nicht als solche klassifiziert wurden.

Fragen:

1. Wodurch entstehen überschüssige Materialien und Güter
   a) aus volkswirtschaftlicher Sicht?
   b) aus betriebswirtschaftlicher Sicht?
2. Begründen Sie die Bedeutung des subjektiven und objektiven Abfallbegriffs für Materialien.
3. Nennen Sie die betrieblichen Ursachen für das Entstehen von überschüssigen Materialien und Anlagen.
4. Kennen Sie die Erfassungsmethoden?

B. Lagerhüter

Lernziel:

> Nach Durcharbeiten dieses Kapitels sollten Sie in der Lage sein:
>
> — den Lagerhüter als Sonderfall überschüssiger Materialien zu definieren,
> — den Lagerhüter vom Abfall zu unterscheiden,
> — seinen Marktwert zu erkennen, aber auch die Lagerkosten zu berücksichtigen.

I. Begriff und Herkunft

1. Entstehung von Lagerhütern

Entdeckt wird der Lagerhüter im allgemeinen bei der Inventur, sei es im Lager, im Versand oder im Laden. Überall, wo Materialien zu lange Lagerzeit in Anspruch nehmen, kann man davon sprechen, daß sie das Lager hüten.

Seine Entstehung verdankt der Lagerhüter der eigenen Unfähigkeit, in den wirtschaftlichen Kreislauf zu gelangen. Aus irgendwelchen Gründen gibt es für ihn keinen Bedarf, befriedigt er keine Bedürfnisse. Gleichartige Güter haben längst den Weg in die Produktion oder auf den Markt gefunden, während er das Lager hütet.

a) Objektive Ursachen

In der Regel sind es Einflüsse des Marktes auf die Betriebe, die objektiv aus Artikeln und Waren Lagerhüter machen. Die ständigen Preisschwankungen des Weltmarktes führen bei den Rohstoffen auch zu einem Preisverfall. Die dann auf Lager liegenden Materialien können wegen der zu hohen Einstandspreise nicht in die Produktion eingesetzt werden und sind zunächst Lagerhüter. Auch eine qualitative Veränderung der Einsatzstoffe kann ein ähnliches Ergebnis haben, wenn zu erwarten ist, daß durch Produktionsverbesserungen die schlechtere Qualität aufgefangen werden kann. Ist dies jedoch nicht möglich, wandelt sich der Lagerhüter in ein überschüssiges Material.

b) Subjektive Gründe

Wie bei den überschüssigen Materalien gilt auch bei den Ladenhütern und Lagerhütern, daß die Vorlieben des Einkaufs für den Materialienlieferanten vom Betrieb nicht geteilt werden, weil z. B. die Einhaltung von Lieferterminen für den Betrieb nicht den Stellenwert hat wie die Qualität. Dann bedarf es eines Reifeprozesses, in denen die Materialien Lagerhüter sind, ehe sie im Produktionsprozeß eingesetzt werden.

Aber auch die Entscheidung des Betriebes, die Produktion vorrangig auf bestimmte Mengen auszurichten, kann am Markt vorbeiführen und wird dann Lager hütende Materialien ergeben.

Die Hauptursache für die Entstehung des Lagerhüters wird in der falschen Beurteilung des Marktes zu suchen sein. Sicherlich ist es in den letzten Jahren in einigen Branchen immer schwieriger geworden, den Markt so zu beeinflussen, wie es sich mit dem Begriff des Verkäufermarktes verbindet. Besonders in der Textilindustrie hat es sich gezeigt, daß sich die Mode nicht mehr vorprogrammieren läßt. Ganze Saisonfertigungen mußten in Abhängigkeit von Geschmackswandel und Wetterlage zu Ladenhütern erklärt werden. Auch die Automobilindustrie hat als Hersteller von Serienerzeugnissen mit dem Problem des Lagerhüters zu tun. Um die Absatzchancen der neuen Modelle nicht zu beeinträchtigen, werden die auslaufenden Modelle zurückhaltend dem Markt anvertraut, sie werden z. T. zu Lagerhütern.

2. Abgrenzung zum Abfall

Der **Lagerhüter** ist ein **wirtschaftliches Gut im Wartestand.** Er hat vorübergehend seine Marktfähigkeit verloren, aber es besteht Hoffnung, daß sie wiedergewonnen wird. Die Erwartung, wieder zum marktfähigen Gut zu werden, unterscheidet den Lagerhüter vom überschüssigen Material und vom Abfall. Hat sich der Besitzer einmal entschieden, ein Material als Abfall zu behandeln, dann ist es für ihn immer Abfall, auch wenn es in der Hand seines nächsten Besitzers diese Abfalleigenschaft wieder verliert. Mit der Entscheidung, aus einem Lagerhüter Abfall zu machen, verliert die Sache ihren wirtschaftlichen Wert für den Besitzer. Diese Situation ist immer dann gegeben, wenn die Belastung durch die Lagerkosten höher eingeschätzt wird als die Erwartung, den Lagerhüter wieder in den Wirtschaftskreislauf bringen zu können und dadurch einen entsprechenden Erlös zu erzielen.

II. Beispiele für die wirtschaftliche Bedeutung von Lagerhütern

1. Aus betriebswirtschaftlicher Sicht

Insbesondere bei monostrukturierten Betrieben wie z. B. bei Schokoladenfabriken spielt es eine große Rolle, wenn durch Marktveränderungen plötzlich die Einsatzstoffe zu Lagerhütern werden müssen. Mehr noch als andere rohstoffverarbeitende Industrien ist die Schokoladenindustrie auf eine starke Lagerhaltung angewiesen. Diese soll sowohl die Kontinuität der Produktion sicherstellen und ein gleichartiges Produkt gewährleisten als auch das wirtschaftliche Ergebnis sichern. Der letzte Aspekt birgt das kaufmännische Risiko. Geringe Lagerbestände bei fallenden Preisen auffüllen müssen oder die zu frühe Entscheidung, die Vorräte zu ergänzen, kann dazu führen, daß die Einstandspreise der Rohstoffe eine wirtschaftliche Herstellung nicht mehr erlauben und die Produkte unter den Herstellungskosten verkauft werden müssen. Eine solche Situation sollte jedes Unternehmen vorübergehend verkraften können. Nur können monostrukturierte Unternehmen eine solche Situation nicht substituieren, d. h., sie sind nicht in der Lage, ihre Rohstoffe vorübergehend zu Lagerhütern zu deklarieren und durch andere Rohstoffe zu ersetzen. Einen Rohstoff im monostrukturierten Betrieb zu einem Lagerhüter zu erklären, kann gleichbedeutend mit der Aufgabe des Unternehmens sein. Es ist festzuhalten, daß Lagerhüter nicht nur ein lagerkostentreibender Faktor im Unternehmen sind, sondern auch einen höchst gefährlichen Materialzustand für eine wirtschaftliche Produktion sein können.

2. Im Rahmen einer Volkswirtschaft

In Zeiten des konjunkturellen Niedergangs der Stahlindustrie einer Volkswirtschaft haben die Stahlwerke die Besonderheit, daß sie überproportional weniger Schrott einsetzen, als sie Stahl erzeugen. Der Grund liegt darin, daß die Erzverträge langfristiger abgeschlossen werden müssen als die Verträge mit dem Schrotthandel. Die Hüttenwerke sind in der Lage, den Schrott als ein Substitut für das Erz zu behandeln — anders als beispielsweise monostrukturierte Industrien bei ihren Rohstoffen verfahren können. Dadurch können sie vermeiden, daß sie ihren eigenen Rohstoff Schrott zu Lagerhütern erklären müssen und zusätzliche Lagerkosten tragen. Der Schrotthandel übt damit für die Stahlindustrie eine Pufferfunktion aus, die volkswirtschaftlich die Kosten von einem Industriezweig auf den anderen verlagern hilft. Damit wird der Lagerhüter eine Dienstleistung des einen Industriezweiges an den anderen und bildet neben der Sammlung und dem Transport von kleineren Schrottmengen zur Hütte die Existenzgrundlage des Schrotthandels. Es ist nicht die reine Lagerhaltung, die als Dienstleistung von der Stahlindustrie an den Schrotthandel im Schrottpreis vergütet wird, es ist auch die Erwartung des Händlers, daß sein Lagerhüter Schrott sich in absehbarer Zeit wieder in ein marktgängiges Produkt verwandelt, das den Preis bestimmt.

III. Methoden zur Vermeidung von Lagerhütern

1. Probleme der Lagerwirtschaft

In den vorhergehenden Kapiteln haben wir gesehen, daß jedem Einkauf von Rohstoffen und Waren ein spekulatives Element zugrunde liegt. Dies gilt umso mehr, wenn der Betrieb monostrukturiert ist (Schokoladenfabrik) und für seinen Rohstoff keine Substitutionsmöglichkeiten hat wie die Stahlindustrie (Erz gegen Schrott). Die Aufgabe, die dem Einkäufer gestellt ist, läßt sich damit charakterisieren, daß er die **Lagerkosten** zu **minimieren** hat und die **Dispositionsfähigkeit maximal gestalten** muß. Zu den spekulativen Momenten, den Konjunkturschwankungen und dem Marktwandel hat der Einkäufer zur Erfüllung seiner Aufgabe auch die höhere Gewalt zu beachten; die Versorgung der Stahlwerke in Linz muß sichergestellt werden, wenn die Reichsbrücke in Wien ins Wasser fällt.

Jeder Einkaufsentscheidung sollten darum möglichst alle inner- und außerbetriebliche Komponenten zugrunde gelegt werden, die der Kostenminimierung dienen können, und es muß ein Kompromiß gefunden werden, um die Dispositionsfähigkeit sicherzustellen.

2. Dispositionsfähigkeit

Bei der Verwendung von Material in der Produktion wird die Dispositionsfähigkeit des Materials immer Priorität haben, wobei die gleiche Qualität unterstellt wird. Denn für den Betrieb muß die Kontinuität der Produktion gewährleistet sein. Daraus folgt für den Einkauf, daß er bei der Beschaffung des Materials vorrangig hierauf Gewicht legt. Gleichzeitig schafft er damit die erste Voraussetzung für einen häufigen Lagerumschlag und kann so in Verbindung mit vorausschauender Planung Lagerhüter vermeiden.

Der Absatz von Waren ist oft dadurch behindert, daß sie nicht transport- oder lagerfähig sind. Eine Verbesserung dieser Eigenschaften würde die Dispositionsmöglichkeit erhöhen und helfen, Lagerhüter zu vermeiden.

3. Konjunktur — Absatzpolitik

Die Einflußnahme des einzelnen Betriebes auf die Konjunkturpolitik muß er den Verbänden überlassen, in der Regel wird er sie erleiden. Wenn es sich um etablierte Wirtschaftszweige wie die Stahlindustrie handelt, so hat sie in bestimmten Bereichen der Materialwirtschaft konjunkturelle Schwankungen auszugleichen. Für Schrott dient ihr der Handel als Puffer. Im allgemeinen wird der Betrieb jedoch durch Konjunkturflauten gezwungen, seine Läger aufzufüllen, d. h. Lagerhüter anzusammeln.

Während der Betrieb die Konjunktur nur hinnehmen kann, läßt sich der Absatz durch gezielte Maßnahmen unabhängig von der jeweiligen wirtschaftlichen Situation fördern. Markt- und Absatzpolitik befähigen den Betrieb, seine Lagervorräte zu verringern und der Bildung von Lagerhütern entgegenzuwirken.

IV. Absatz von Lagerhütern

Doch selbst ein optimal geführter Betrieb wird Lagerhüter nicht vermeiden können. Sein Problem wird daher sein, sie festzustellen und zu minimieren. Dabei bieten sich verschiedene Möglichkeiten an.

1. Verkauf unter Preis

Die ursprüngliche Form des Saisonschlußverkaufs bietet ein Beispiel, wie der Einzelhandel mit dem das Lager blockierenden Lagerhüter fertig wurde. Er mußte Platz schaffen für neue Waren, seine Lager- und Verkaufsflächen wurden für ihn sehr wertvoll, d. h., die Lagerkosten waren hoch. Es wurde lohnend, die Verkaufspreise der Lagerhüter radikal zu senken. Heute ist die Preissenkung z. T. in eine Qualitätssenkung pervertiert, dabei wird nicht unter Preis, wohl aber mit kleineren Margen kalkuliert. Der Verkauf unter Preis bedeutet zunächst: die Ware wird unter dem üblicherweise kalkulierten Preis abgegeben. Je nachdem, wie stark der Lagerkostendruck ist oder die Erwartung, die in den Verkauf neuer Ware gesetzt wird, kann der Preis ganz entfallen, die Ware verschenkt oder gar mit Kosten als Abfall abgegeben werden.

2. Warten auf bessere Zeiten

Ist für den Betrieb der Lagerkostendruck nicht gegeben, so kann er seine Materialien und Waren zunächst einmal liegenlassen und auf bessere Zeiten hoffen. Dies gilt besonders dann, wenn es sich um Rohstoffe handelt, die in einem unveränderten Produktionsprozeß einsatzfähig bleiben und keine Qualitätseinbußen erleiden. Beispiele hierfür bieten die Kohle- und Schrotthalden des Bergbaus und der Stahlindustrie.

3. Senkung der Lagerkosten — Abfall

Das passive Warten auf bessere Zeiten sollte ergänzt werden durch Maßnahmen, die Lagerkosten zu senken. Nicht jeder Industriezweig hat dabei die Möglichkeiten der Stahlindustrie (Schrotthandel) und des Steinkohlenbergbaus (nationale Energiereserve), doch lassen sich auch für kleinere Betriebe auf dem Wege der Rationalisierung Lagerkosteneinsparungen erzielen. Diese Maßnahmen sind nur dann sinnvoll, wenn berechtigte Erwartungen bestehen, daß die Lagerung der Materialien vorübergehend ist. Sobald erkennbar wird, daß Absatz- oder Einsatzchancen nicht mehr bestehen, sollte der Betrieb sich nicht scheuen, sie als Ausschuß oder Abfall zu deklarieren, um weitere Lagerkosten zu sparen.

Es bleibt eine ständige Aufgabe des Einkäufers

① Lagerhüter nach Möglichkeit zu vermeiden,

② Lagerhüter schnell zu erkennen und zu minimieren, wobei

a) durchaus innerbetriebliche Psychologie eingesetzt werden sollte,

b) der Einkäufer sich eingestehen sollte, wenn eine Fehlspekulation vorgelegen hat, von der man sich trennen muß.

Fragen:

5. Begründen Sie, warum es objektive Ursachen und subjektive Gründe für die Existenz von Lagerhütern gibt.

6. Erläutern Sie den Unterschied zwischen Lagerhüter und Abfall.

7. Können Lagerhüter das betriebliche Ergebnis entscheidend beeinflussen?

8. Nennen Sie Möglichkeiten, Lagerhüter zu vermeiden.

C. Beseitigung von Abfällen

Lernziel:

Nach Durcharbeiten dieses Kapitels sollten Sie in der Lage sein:

- die Abfallbeseitigung als gesellschaftspolitische Aufgabe zu erkennen,
- zwischen natürlichem Kreislauf und Abfallwirtschaft zu unterscheiden,
- Beseitigungsmethoden für Abfälle zu erläutern,
- die Wirkungsweise der einzelnen Methoden zu skizzieren.

Während überschüssige Materialien und Lagerhüter mit betriebswirtschaftlichen Methoden zu lösende Probleme aufwerfen, hat die Abfallwirtschaft volks- und weltwirtschaftliche Aspekte zu berücksichtigen: Die Frage, ob Massenkonsum oder echte Bedürfnisbefriedigung, ist gesellschaftspolitisch und nicht mehr wirtschaftspolitisch zu lösen, und die Entsorgungsprobleme für den Atommüll läßt die Zukunft der Energiewirtschaft und damit der gesamten Volkswirtschaft in den Salzstöcken Niedersachsens ruhen. Sowohl die Masse der Abfälle als auch ihre besonderen Eigenschaften erweisen sich als zu spröde, um sie allein nach marktwirtschaftlichen Gesichtspunkten behandeln zu können.

Wie folgt formuliert die Regierung in der Grundkonzeption zum Abfallwirtschaftsprogramm 1975: „Die Bundesregierung ist sich darüber im klaren, daß die Erreichung der Zielvorstellungen des Abfallwirtschaftsprogramms zum Teil einen längeren Prozeß des Umdenkens sowohl im gesellschaftlichen als auch im staatlichen Bereich voraussetzt." In der Zwischenzeit sind die Teilnehmer am wirtschaftlichen Geschehen gezwungen, sich mit den täglichen Abfallproblemen auseinanderzusetzen.

I. Deponierung von Abfällen

Die einfachste Form, überflüssige Sachen loszuwerden, war schon immer, sie liegenzulassen oder wegzuwerfen. Solange die Mengen sich in Grenzen hielten, beeinträchtigte diese Handlungsweise das Wohlbefinden nicht sonderlich. Dazu kam, daß diese Kulturrückstände von der natürlichen Umgebung absorbiert werden konnten.

1. Der natürliche Kreislauf

Solange die Natur in der Lage war, die Abfälle der Kultur in ihren Kreislauf des Werdens und Vergehens einzubeziehen, solange war keine Abfallbeseitigung und erst recht keine Abfallwirtschaft notwendig. Durch den Massenkonsum wurde die Regenerationsfähigkeit der Natur beeinträchtigt und gleichzeitig der natürliche Kreislauf über Gebühr belastet, so daß er in einigen Bereichen zusammenbrach. Dies zwang zunächst dazu, die Abfälle zu sammeln und an bestimmten Plätzen abzulagern.

2. Die ungeordnete Deponie

In der Regel handelte es sich um Plätze, die etwas abseits lagen und für die Gemeinde ohne wirtschaftliche Bedeutung waren. Eine Bewirtschaftung und Bewachung war nicht vorgesehen, jeder, der sie benutzen wollte, konnte seinen Abfall dort abladen. Geruchsbelästigung, Kippenbrände und Ungeziefer waren die Begleiterscheinungen der ungeordneten Deponie.

3. Die geordnete Deponie für Normalabfälle

Um die Beeinträchtigungen durch die ungeordnete Deponie einzuschränken, begann man die Deponien zu bewirtschaften. Sie wurden eingezäunt und bewacht, die Anlieferer wurden kontrolliert, es durften nur noch bestimmte Abfälle gelagert werden. Für den Betrieb einer Deponie wurden Richtlinien aufgestellt. Heute lassen sich zwei geordnete Deponiearten unterscheiden: Solche, die zur Beseitigung von Hausmüll und mit Hausmüll gemeinsam zu beseitigenden Abfällen errichtet werden und solche Deponien, auf denen alle übrigen Abfälle untergebracht werden müssen (Sonderabfallstoff-Deponien). Kennzeichen einer geordneten Deponie ist die regelmäßige Kontrolle des Deponiekörpers, des austretenden Sickerwassers und der Abgase, um Umweltschäden weitgehend auszuschließen.

4. Deponierung von Sonderabfällen

Abfälle, die nach ihrer Art oder Menge nicht mit den in Haushaltungen anfallenden Abfällen beseitigt werden können, in der Regel Industrieabfälle, müssen auf besonderen Deponien beseitigt werden. Dabei ist in jedem Einzelfall zu prüfen, ob es sich z. B. um wasserlösliche und trinkwassergefährdende Stoffe handelt, die besser in einem stillgelegten Salzbergwerk als in einer ehemaligen Tongrube gelagert werden sollten. Kurz, bei Sonderabfallstoffen ist eine sorgfältige Analyse vor jeder Beseitigung eine unerläßliche Voraussetzung. Mehr noch als bei geordneten Hausmülldeponien ist die Überwachung der Sondermülldeponie erforderlich, um nicht auszuschließende Reaktionen des Müllkörpers frühzeitig zu erkennen und zu bekämpfen.

II. Kompostierung

Sind Reaktionen des Mülls im Deponiebereich unerwünscht, so nutzt man die Vergärung organischer Stoffe bei der Kompostierung zur Durchführung eines Prozesses aus, bei dem aus Hausmüll bodenverbessernder Kompost für die Landwirtschaft gewonnen wird.

1. Methoden der Kompostierung

Die Rottevorgänge, die in kurzer Zeit aus Hausmüll einen homogen erscheinenden Kompost erzeugen, sind das Werk von **Mikroorganismen.** Diese benötigen Sauerstoff, um den Verrottungsprozeß in Gang zu bringen und werden deshalb als **Aerobier** bezeichnet.

a) aerob

Bei dem aeroben Atmungsstoffwechsel werden die aufgenommenen Kohlenstoffverbindungen im Müll mit Hilfe des Luftsauerstoffs oxidiert. Dabei wird Wärme frei, die einmal die Lebensbedingungen der Mikroorganismen verbessert und die Verrottung beschleunigt, aber auch die pathogenen (Mensch und Tier schädlichen) Organismen abtötet.

b) anaerob

Auch bei völligem Luftabschluß ist eine Zersetzung der organischen Substanz durch die Anaerobier möglich, die den lebensnotwendigen Sauerstoff aus sauerstoffnahen Verbindungen im Müll, etwa Nitraten, gewinnen. Doch der bei völligem Luftabschluß stattfindende anaerobe Stoffwechsel ist bei der Kompostierung ein unerwünschter Prozeß, weil er zur Bildung von übelriechenden Stoffen wie Schwefelwasserstoff, Ammoniak u. a. führt. Entweichen sie, führt dies stets zu Belästigungen der Umwelt. Diese Geruchsbelästigung hat den Ausschlag gegeben, für die Kompostierung Methoden zu wählen, bei denen die Sauerstoffzufuhr gewährleistet werden konnte.

2. Technik der Anlagen

Die Anlagen müssen in der Lage sein, aus unbehandeltem Rohmüll und eventuellem Klärschlamm in kürzester Zeit hygienisch einwandfreien Rohkompost zu erstellen, der in der Nachbehandlung zu einem lagerbeständigen Fertigkompost wird. Bewährt haben sich Systeme, bei denen **Rottekäfige** oder belüftete **Rottetrommeln** eingesetzt wurden. Die Rottezeiten in den Trommeln konnten z. B. auf drei bis fünf Tage gesenkt werden, während sie in den **Rottemieten** bis zu einem halben Jahr dauern. Zur Verbesserung des Ausbringens sollte der Müll vorzerkleinert werden und nach Möglichkeit die großstückigen anorganischen Bestandteile des Mülls aussortiert werden.

Entscheidend für die Errichtung eines Kompostwerkes sind Einzugsgebiet, Müllaufkommen und Absatzmöglichkeiten für den Kompost. Als **kleinste wirtschaftliche Größe** gilt eine Anlage mit einer Leistung von etwa 15 000 t/a. Dies entspricht einem Einzugsgebiet von etwa 50 000 Einwohnern. Erreicht die Anlage ein Ausbringen von mindestens 50 % und lassen sich Verkaufspreise von 10 bis 15 DM/t Kompost erzielen, dann sind Abfallbeseitigungskosten zu erreichen, die erheblich unter den Beseitigungskosten von energieerzeugenden Abfallverbrennungsanlagen liegen.

III. Verbrennung von Abfällen

Der Verbrennung von Abfällen liegt der Gedanke zugrunde, daß der überwiegende Teil brennbar ist und sich damit das Volumen insbesondere des Hausmülls fühlbar verringern läßt. Zunehmende Impulse auf die Technologie durch verstärkte Anforderungen des Umweltschutzes haben in den letzten Jahren den ursprünglich stark geförderten Gedanken des Müllkraftwerks zurücktreten lassen hinter eine kontrollierte Abfallbeseitigung. Auch die erheblichen Marktschwierigkeiten der Produkte aus Verbrennungsanlagen haben ihren Beitrag geleistet, die wirtschaftlichen Vorteile für Verbrennungsanlagen nicht auf dem Energiesektor zu suchen. Kontrollierte Abfallbeseitigung und mangelnde Abfallagerplätze bleiben die Triebfedern für den Bau von Müllverbrennungsanlagen, während die verschärften Umweltschutzbestimmungen einen immer höheren technischen Aufwand verlangten, der sich in den Müllgebühren der Gemeinden niederschlägt.

Die physikalischen und chemischen Eigenschaften des Hausmülls schränken seine Anwendung als Heizmaterial ein. Besonders sein Gehalt an Schadstoffen wie Chlor, Schwefel und Fluor machen seine Verbrennung problematisch und verlangen den Einbau von Schutzvorrichtungen zur Begrenzung der Emissionen. Heizwertschwankungen und aggressivere Rauchgasströme lassen die Verfügbarkeit der Müllverbrennungsanlagen sinken und beeinträchtigen damit die Wirtschaftlichkeit. Anders als bei den fossilen Brennstoffen, bei denen die Phasen der Verbrennung zeitlich hintereinander ablaufen, sind Trocknung, Entgasung, Vergasung und die eigentliche Verbrennung beim Brennstoff Abfall Prozeßfolgen, die sich zumindest überschneiden, wenn sie nicht gleichzeitig erfolgen. Um einen homogenen Brennstoff zu erzielen, hat es zahlreiche Versuche gegeben, diesen Prozeß in seine einzelnen Bestandteile zu zerlegen. An der Frage nach der Wirtschaftlichkeit werden sie solange nicht vorbeikönnen, wie das Problem der Marktfähigkeit der gewonnenen Produkte nicht gelöst ist.

1. Trocknung und Entgasung

Da der Hausmüll bis zu einem Gewichtsdrittel aus Wasser besteht, liegt es nahe, seine Verbrennungsleistung durch Vortrocknung zu verbessern. In Abhängigkeit von der Herkunft des Mülls ist die Wärmezufuhr unterschiedlich. Während Abfälle aus ländlichen Regionen wegen des hohen Anteils an Garten- und landwirtschaftlichen Abfällen sehr feucht sind, hat der großstädtische Müll weniger Wassergehalt und Sperrmüll und hausmüllähnlicher Gewerbemüll benötigen kaum noch eine Trocknung. Die Trocknung findet in den Bereichen zwischen 100°C und 250°C statt. Das verdampfte Wasser wird an die Rauchgase abgegeben und ist als Rauchfahne am Schornstein zu erkennen.

Die der Trocknung folgende Entgasung im Temperaturbereich über 250°C treibt die flüchtigen Stoffe aus, die in der Trocknungszone nicht erfaßt wurden. Es handelt sich dabei um restliches Wasser, kondensierende Kohlenwasserstoffe und Schwelgase. Die Entgasung kann auch in reduzierender Atmosphäre durch bloße Wärmezuführung stattfinden. Gewonnen werden Schwelgase mit einer

Zündtemperatur von etwa 300°C und mineralisierter Kohlenstoff (Koks) mit einer Zündtemperatur von etwa 800°C. Die Schwelgase lassen sich als Heizgase dem Prozeß wieder zuführen und auch der Koks kann im weiteren Prozeß zusätzliche Gase liefern. In Pilotanlagen, in denen diese Pyrolyseverfahren*) angewandt wurden, sollte dieser Prozeß für die Abfallaufbereitung nutzbar gemacht werden. Ein Erfolg ist der Pyrolyse bis heute versagt geblieben.

2. Vergasung und Pyrolyse

Wegen des hohen Luftüberschusses, mit dem Müllverbrennungsanlagen gefahren werden, spielt die Vergasung von Müll im großtechnischen Bereich keine Rolle. Versuche, die festen Bestandteile im Müllkoks weiter zu verflüchtigen, sind aus wirtschaftlichen Gründen bald eingestellt worden. Trotzdem ist die Müllpyrolyse wegen der reduzierten Abluftprobleme ein umweltfreundliches Beseitigungsverfahren, das verdient, technologisch weiter entwickelt zu werden.

3. Verbrennung

Als Verfahren, das eine maximale Volumenreduzierung des Hausmülls bis etwa 90 % ergibt, hat sich die Müllverbrennung im großtechnischen Bereich durchgesetzt. Müllverbrennung bedeutet, Verbindung des Brennbaren im Müll mit Sauerstoff und Freisetzung von Wärmeenergie. Die Verbrennung erfolgt bei Rauchgastemperaturen zwischen 800°C bis 1000°C, so daß keinerlei Geruchsbelästigungen sich in den Abgasen erhalten können, aber auch eine Störung der Verbrennungsaggregate durch schmelzende Stoffe vermieden wird.

Da die Anlagen eine aufwendige Technologie verlangen, sind sie erst ab einem Müllaufkommen von mindestens 100 000 t/a kostenmäßig zu vertreten. Für die Zwischenlagerung des Mülls sollten die Lagerbunker mit einer Kapazität ausgestattet sein, die einen kontinuierlichen Betrieb gewährleistet, sie sollten abgeschlossen sein, um die durch den Gärungsprozeß entstehenden Gerüche nicht nach außen dringen zu lassen. Die Feuerungseinrichtungen müssen dem schwankenden Heizwert gerecht werden und trotzdem den erforderlichen Durchsatz leisten. Um die Rauchgase auf die zur Filterung notwendige Temperatur herabzudrücken, müssen Dampfkessel eingebaut werden, die in der Regel ergänzt werden müssen durch Kondensationsanlagen, auch wenn eine Nutzung der Energie vorgesehen ist. Die Investitionen für die Rauchgasreinigung sind in den letzten Jahren dank der Immissionsschutzgesetze ständig gestiegen. Insgesamt gesehen lassen die sehr hohen Investitions- und Folgekosten gepaart mit geringen Erlösen den Bau von Großmüllverbrennungsanlagen zur Zeit stagnieren.

IV. Ausgewählte Beseitigungsmethoden bei Sonderabfällen

Alle Abfälle, die sich nicht mit Hausmüll gemeinsam beseitigen lassen — und das sind in der Regel alle industriespezifischen Abfallstoffe —, sollen so umweltfreundlich und kostengünstig wie möglich beseitigt werden. Da der Gesetzgeber

*) Pyrolyse = Zersetzung von Stoffen durch Hitze.

eine klare Definition von Sonderabfallstoffen vermieden hat, sollte eine möglichst gemeinsame Beseitigung aller Abfallstoffe angestrebt werden. Gesetzlich ausgeschlossene Abfälle wie radioaktive Stoffe, Altöl, aber auch Altreifen, Altautos und infektiöse Abfälle sind klar definiert und bereiten bei der Klassifizierung keine Schwierigkeiten. Problematisch bleibt die Abgrenzung bei industriespezifischen Abfällen, deren Toxizität nicht feststeht und deren Ungefährlichkeit nicht eindeutig zu bestimmen ist. Der Neigung der Verursacher, ihren Abfall in Zweifelsfällen so kostengünstig wie möglich und damit auch umweltgefährdender beseitigen zu lassen, muß der Beseitigungspflichtige eine objektiv prüfbare Bewertung entgegensetzen. Der Verursacher hat die Möglichkeit, durch Bearbeitung, Aussonderung und Klassierung seiner Abfallstoffe die Abfallbeseitigungskosten niedrig zu halten und sollte diese Möglichkeiten durch seinen eigenen Abfallbeauftragten oder durch eine Abfallberatung prüfen lassen.

1. Vorbehandlung und Neutralisation

Vorbedingung für eine kostengünstige Behandlung der Abfälle ist ihre getrennte Lagerung im Produktionsbetrieb. Nur so ist eine adäquate Beseitigungsmethode für jede Abfallart zu finden. Bei Mischabfällen, die aus Lager- und Transportkostengründen zusammengefaßt worden sind, besteht die Gefahr, daß z. B. eine kleine Menge toxischer Abfälle die gesamte Ladung für eine Deponierung mit Hausmüll ausschließt. Insbesondere bei Schlämmen kann es für den Verursacher lohnend sein, Neutralisations- und Trocknungsanlagen zu unterhalten, um Transportkosten zu sparen. Denn während in der Regel die Anlieferung von dünnflüssigen Schlämmen auf Hausmülldeponien nicht zugelassen ist, werden stichfeste Schlämme mit Hausmüll gemeinsam eingearbeitet. Auch die Rückgewinnung der Prozeßwässer spielt wegen der hohen Wasserpreise für die Betriebe eine Rolle und hat dazu geführt, daß eigene Wasseraufbereitungsanlagen gebaut wurden, deren Schlämme nach Wasserentzug deponiert werden konnten. Beim Einbau von stichfesten Schlämmen leidet die Standfestigkeit der Hausmülldeponie nicht.

In den Neutralisationsanlagen werden die pH-Werte*) so eingestellt, daß eine Ableitung der Abwässer nach Ausfällung der Feststoffe in die Kanalisation möglich ist. Die Feststoffe werden dann entwässert der Deponie zugeführt. Die Entscheidung, ob thermische oder mechanische Entwässerungsanlagen angewandt werden sollen, hängt von der Menge der verfügbaren Wärme in der Produktion ab. Bei der mechanischen Entwässerung haben sich Kammerfilterpressen bewährt.

In den Entgiftungsanlagen werden die chromat- und zyanhaltigen Abfälle durch Zugabe von Chemikalien soweit vorbehandelt, daß sie ohne Gefahr in einer Beseitigungsanlage vernichtet oder aber dem Stoffkreislauf wieder zugeführt werden können.

---

*) pH-Wert, Maßzahl für die Wasserstoffionenkonzentration und damit für den Säuregrad oder für die Alkalität einer Lösung. Ein pH-Wert von > 7 bedeutet alkalische, einer von 7 neutrale und einer von < 7 saure Reaktion der Lösung.

Bei Öl-Wasser-Emulsionen werden durch chemisch-physikalische Verfahren die Emulsionen gespalten, so daß das gereinigte Wasser den Normalanforderungen der Abwasserreinigung entspricht und einer entsprechenden Nachbehandlung unterworfen werden kann.

Die einzelnen Verfahren haben deutlich gemacht, auf welche Weise der Produktionsbetrieb durch Vorbehandlung die Möglichkeit hat, seine Abfälle so zu behandeln, daß eine gefahrlose Beseitigung möglich ist und Kosten beim Transport und der Ablagerung gespart werden können.

2. Beseitigung durch Ablagerung

Durch Vorbehandlung sollte zunächst jeder Betrieb versuchen, den Aggregatzustand seines Abfalls so zu beeinflussen, daß er mit dem geringstmöglichen Aufwand unschädlich beseitigt werden kann. Hat er z. B. seinen Schlamm neutralisiert und stichfest gemacht, dann kann er gefahrlos auf einer Hausmülldeponie beseitigt werden.

Zur Vorbehandlung von Sonderabfällen sind in einigen Bundesländern **Sammelstellen von Abfallbeseitigungsunternehmen** eingerichtet worden, bei denen auch der kleine Betrieb seine spezifischen Abfälle entsorgen lassen kann. Den Beseitigungsunternehmen stehen neben Verbrennungsanlagen auch kostengünstigere Deponien zur Verfügung, so daß die Vorbehandlungskosten durch die geringeren Deponiegebühren und niedrigeren Transportkosten aufgewogen werden.

Für giftige Stoffe, deren Vorbehandlung zu aufwendig oder technisch nicht durchführbar ist, stehen stillgelegte **Stollen in Salzbergwerken** zur Verfügung. Die Stoffe werden hier in Stahlfässern eingelagert und partieweise zugemauert.

Die großen chemischen Werke haben **eigene Sondermülldeponien,** die mit erheblichem Aufwand insbesondere für die Grundwassersicherung hergerichtet wurden. Auch die Grundstoff- und Hüttenindustrie besitzt für Waschberge und Hüttenschutt eigene Großdeponien.

3. Beseitigung durch Verbrennung

Da Sonderabfallverbrennungsanlagen sowohl feste, flüssige als auch schlammförmige Abfälle verbrennen müssen, werden hohe Anforderungen an die Verbrennungssysteme gestellt. Die besten Erfahrungen wurden in **zentralen Sondermüllbeseitigungsanlagen mit Drehtrommelöfen** gemacht, wenn die Eingabe der Abfälle in die Verbrennungsanlage sorgfältig abgestimmt wird. Die Nachteile des langen Verbrennungsraumes werden durch eine Nachbrennkammer ausgeglichen. Durch die verschiedenartige Zusammensetzung der Sonderabfälle kann bei der Verbrennung eine hohe Schadgaskonzentration erreicht werden. Deshalb müssen an Abgasreinigungsanlagen bei der Sondermüllverbrennung besonders große Anforderungen gestellt werden, besonders dann, wenn eine

Trennung der Abfälle, deren Verbrennung zu einer erheblichen Schadgaskonzentration führt, in einer Vorbehandlung nicht möglich ist. Besondere Schwierigkeiten bereiten zur Zeit noch Schadgase mit Chlor und Fluor, bei denen die Waschanlagen die Probleme aus der Luft ins Wasser verlagern.

Auch die zur Zeit noch geübte freihändige Verbrennung von chlorierten Kohlenwasserstoffen auf Verbrennungsschiffen in der Nordsee kann nur als Übergangslösung anstelle einer mangelhaften Beseitigung auf dem Land angesehen werden; die Belastung der Atmosphäre ist bereits hoch genug.

Fragen:

9. Erläutern Sie den Unterschied zwischen Regeneration von Abfällen und der Beseitigung von Abfällen.
10. Erklären Sie den Unterschied zwischen Kompostierung und Deponierung.
11. Warum stagniert der Bau von Großmüllverbrennungsanlagen?
12. Was versteht man unter Sondermüll?

D. Recycling

Lernziel:

Nach Durcharbeiten dieses Kapitels sollten Sie in der Lage sein:

— den Begriff des Recycling aus dem Naturkreislauf abzuleiten,
— Recycling als eine wirtschaftliche Nutzungsmethode für Rohstoffe zu verstehen,
— einige Rückgewinnungsverfahren darzustellen,
— Grenzen des Recycling zu sehen.

I. Begriff und Zielvorstellung

Verfolgt man die Pressemeldungen der letzten Jahre über Umweltschutz, dann fällt immer wieder das Schlagwort Recycling auf. Man erkennt bald, daß hier ein neues Reizwort für eine uralte Tätigkeit geprägt wurde. Auch wenn es im Duden als **„Wiederverwendung bereits benutzter Rohstoffe"** erklärt wird und von anderer Seite der Begriff **„Altstoff-Rücklauf"** vorgeschlagen wird, können beide Begriffe nicht mit dem typischen Zyklus-Gedanken aufwarten, der hinter dem Begriff steht. Es ist für das Verständnis des Begriffes wichtig zu erkennen, daß er nach Herkunft und Bedeutung an Kreisläufe bzw. an sich kontinuierlich wiederholende zyklische Prozesse anknüpft. Das Vorbild ist der Kreislauf des ständigen Werdens und Vergehens in der Natur. Auf z. T. sehr komplizierten Pfaden zirkulieren die lebenswichtigen Elemente und Verbindungen zwischen der anorganischen und organischen Natur. In der organischen Natur werden sie in den Freßketten und den Abfallverwertungsketten von Stufe zu Stufe weitergereicht. Entscheidend für die natürlichen Zyklen ist, daß sie ohne den Eingriff des Menschen in den Ablauf ein Gleichgewicht wieder herstellen können.

In den Stofflußbilanzen der Industrie kommt dieser Gedanke des Gleichgewichts (balance) mit der Zielrichtung zum Tragen, daß nach Möglichkeit kein Material den innerbetrieblichen Kreislauf verläßt, um nicht verloren zu gehen und damit erhöhte Kosten zu verursachen. Die Produktionsverfahren, die der Mensch im Laufe der Jahrzehnte entwickelt hat, um immer neue Produkte für immer weiter gesteckte Bedürfnisse zu produzieren, sind leider immer noch nicht so vollkommen, daß nicht viele Reste, Rückstände und Abfälle anfielen. Im Gegensatz zu den Materialien in den natürlichen Kreisläufen sind die Abfallstoffe der industriellen Gesellschaft in einem Aggregatzustand, der eine Rückführung in den natürlichen Kreislauf nicht ohne weiteres erlaubt. An dieser Stelle setzt nun das Recycling ein.

Es werden Verfahren entwickelt, mit Hilfe derer aus Produktions- oder Konsumabfall wieder Rohstoffe hergestellt und für den weiteren Gebrauch aufbereitet werden.

Es kann sich dabei um Wiederverwertung (z. B. von Schrott als Einsatzmaterial bei der Stahlerzeugung) handeln, aber auch um Wiederverwendung (z. B. als Mehrwegflasche in den Verpackungsindustrien). Ob die Umwandlung von Abfall in Energie auch eine Form des Recycling ist, soll nicht näher untersucht werden.

Wenn in der Bundesrepublik Deutschland im Jahre 1975 etwa 21 Mill. t Haus- und Sperrmüll mit einem Heizwert von 2000 kcal/kg Müll oder der Energie von 5 Mill. t Steinkohle anfallen, dann ist es sicher verlockend, dies als Energiereserve zu betrachten, auch wenn man weiß, daß sich dieser Brennstoff aus wertvollen Rohstoffen zusammensetzt.

Das **Abfallwirtschaftsprogramm der Bundesregierung** aus dem Jahre 1975 legt dar, daß es die Bundesregierung für erforderlich gehalten hat, eine systematische Analyse der Gesamtsituation im Abfallbereich durchzuführen. Darauf aufbauend soll ein Abfallwirtschaftsprogramm entwickelt werden, wobei die Abfallwirtschaft den Bereich der herkömmlichen Abfallbeseitigung einschließt, sich aber besonders der Entstehung von Abfällen und ihrer Nutzbarmachung widmen wird. Das Programm hat sich die nachfolgenden **Ziele** gesetzt:

① Reduzierung der Abfälle auf Produktions- und Verbraucherebene unter folgenden Gesichtspunkten:
- Verringerung der Produktionsabfälle,
- Anwendung umweltfreundlicher Produktionsverfahren,
- Überprüfung des Materialeinsatzes hinsichtlich der Zweckbestimmung von Erzeugnissen,
- Erhöhung der Haltbarkeit von Produkten,
- Steigerung der Mehrfachverwendung von Produkten.

② Steigerung der Nutzbarmachung von Abfällen durch:
- Verwertung als Rohstoff im Produktionsprozeß,
- Ausnutzung des Energieinhaltes,
- Rückführung in biologische Kreisläufe.

③ Schadlose Beseitigung von Abfällen.

④ Zurechnung der Kosten nach dem Verursacherprinzip.

Insbesondere die Punkte ① und ② enthalten die das Recycling betreffenden Vorschläge. Eine Verringerung der Produktionsabfälle bedeutet eine Verbesserung der Produktionsabläufe und damit des entscheidenden Zyklus. Für die Steigerung der Nutzbarmachung von Abfällen, also dem Bereich, dem unsere Betrachtung gilt, hat die Bundesregierung bereits Maßnahmen zur Problemlösung getroffen: Der Verpackungsaufwand konnte insbesondere bei der Einwegflasche aus PVC dank der Selbstbeschränkung der Industrie weitgehend eingeschränkt werden und dadurch auch die Umweltbelastung durch Salzsäure bei der Müllverbrennung. Zusätzlich brachte die Industrie an Stelle von PVC-Produkten verstärkt Kunststoffe auf Äthylenbasis auf den Markt, die sich umweltfreundlich verbrennen lassen.

Die Ziele, die die Bundesregierung mit ihrem Abfallwirtschaftsprogramm anstrebt, sind in den genannten vier Punkten deutlich geworden. Beim Recycling sind in der Praxis in einigen Bereichen deutliche Erfolge zu verzeichnen. Mag sein, daß hieran der Ölschock nicht ganz unschuldig ist, jedenfalls ist erkennbar, daß selbst in Haushalten vorsichtiger mit Rohstoffen umgegangen wird, insgesamt die Bevölkerung aufgeschlossener der Wiederverwertung von Abfall gegenübersteht, als dies noch vor einigen Jahren der Fall war. Damit wäre die Grundvoraussetzung erfüllt, um durch Vorsortierung des Hausmülls eine verbesserte Recycling-Quote zu erreichen.

Im industriellen Bereich haben sich die **Abfallbörsen** als Markt für überschüssige Materialien bewährt und innerhalb einzelner Branchen wird bereits ein schwunghafter Handel mit Abfallstoffen durch Vermittlung der Abfallbörsen betrieben.

II. Der natürliche Kreislauf

Solange der Mensch seinen Herrschaftsanspruch über die Erde in der Weise ausnutzte, daß das ökologische Gleichgewicht ungestört war, spielten die Probleme der Abfallwirtschaft keine Rolle. Abfälle vergangener Kulturen hatten allenfalls für die Spatenwissenschaft eine Bedeutung. Der natürliche Kreislauf wurde nicht gestört, noch nicht einmal belastet.

1. Mineralische Bodenschätze

Als Grundstoffe für Produktion und Konsum stehen die mineralischen Bodenschätze als primäre Quellen zur Verfügung. Sie werden heute ergänzt durch Rücklaufstoffe aus den gleichen Bereichen.

Bedingt durch die Ölkrise ist den auf Wachstum ausgerichteten Industrieländern bewußt geworden, daß die natürlichen Ressourcen (Hilfsquellen) endlich sind. Darüber hinaus hat man erkennen müssen, daß z. B. Öl ein wichtiger Rohstoff ist, den man wirtschaftlicher als Grundstoff einsetzt, anstatt ihn zu elektrischer Energie zu verbrennen. Noch glauben die Entwicklungsländer, daß die Industrienationen aus dieser Erkenntnis praktische Politik ableiten. Die Rohstoffkonferenzen werden zeigen, wie weit der Lernprozeß gediehen ist. In einigen Bereichen zwingen markttechnische Gesichtspunkte (hohe Einsatzkosten) zu einer Verlagerung und Substitution auf andere Rohstoffe. Aber auch der Gesichtspunkt der besseren Verteilung der Güter auf alle Nationen gewinnt bei der Beurteilung der Verwendung von Bodenschätzen an Bedeutung, zumal erkannt wurde, daß insbesondere die Entwicklungsländer mit mineralischen Grundstoffen schlecht ausgestattet sind.

Es sind also zwei Gesichtspunkte, die in Zukunft den mineralischen Bodenschätzen besondere Bedeutung zukommen lassen. Zunächst sind es die **Grenzen des**

Wachstums, die durch die Ernährung der rapide anwachsenden Menschheit aufgeworfen sind. Die Methoden, die der Club of Rome angewandt hat, sind sicherlich fundierter als jene, die Robert Malthus vor 100 Jahren anwenden konnte, als zum ersten Mal eine Überbevölkerung festgestellt wurde, die in der Zukunft nicht mehr zu ernähren sei. Stellt man dieser wachsenden Bevölkerung die bekannten und noch zu entdeckenden Bodenschätze und eine entsprechende fortschreitende Technologie gegenüber, so wird der pro-Kopf-Anteil an Bodenschätzen trotzdem immer kleiner bzw. er reicht nicht mehr aus.

Zweitens werden die **neuen Technologien,** mit denen Bodenschätze aufgespürt und abgebaut werden, **immer aufwendiger,** so daß über den Marktmechanismus eine Selektierung der Verbraucher stattfindet. Dieser wird in der Zukunft auf den erbitterten Widerstand der mit Bodenschätzen schlecht ausgestatteten Entwicklungsländer stoßen.

Verteilungskampf und teurere Technologien werden den Wettbewerb um den Einsatz der mineralischen Bodenschätze in Zukunft erheblich verschärfen und zu größerer Sorgfalt bei der Verwendung zwingen.

2. Nachwachsende Grundstoffe

Die mineralischen Bodenschätze, deren Erneuerung nur in Millionen von Jahren dauernden geologischen Prozessen möglich ist, sind in ihrem Vorkommen auf die Erdkruste beschränkt und jetzt vorhanden, wenn auch nicht immer bekannt.

Anders verhält es sich mit den organischen Grundstoffen, welche die Natur uns liefert. Sie sind nur in dem Sinne endlich, als die Konsumtion die Produktion übersteigt. Seit Robert Malthus das Ernährungsproblem formulierte, haben die modernen Methoden der Land- und Forstwirtschaft die Produktivität außerordentlich gesteigert. Durch die Techniken der Lagerung, Konservierung, Transport und Verarbeitung werden die gewonnenen Erzeugnisse für die Bedürfnisse der Menschen besser genutzt. Trotzdem werden heute nur nennenswerte Überschüsse an Nahrungsgrundstoffen in den USA, Kanada und Australien erwirtschaftet. Ganze Subkontinente leiden dagegen an Überbevölkerung und Nahrungsmangel.

Schon die Holzwirtschaft zeigt, daß bei ihr in Generationszeiträumen gerechnet werden muß. Jeder kurzfristige Gewinn geht hier zu Lasten der nachfolgenden Generation und führt häufig zu irreparablen Schäden für die ganze Ökologie, wie es am Beispiel des Mittelmeerraumes zu erkennen ist. Der gewaltige Verbrauch, bedingt durch das rapide Ansteigen der Weltbevölkerung, bringt in Teilbereichen das organische Produktionssystem in Verzug und zum Erliegen. Die Ausbeutung der Fischvorkommen in den Weltmeeren mußte quotiert werden und bestimmte Gebiete werden durch nationalstaatliche Eingriffe geschützt. Auch die Sauerstoffproduktion in den industriellen Ballungsgebieten wird in zunehmendem Maße gefördert und geschützt (Aktion pro Grün). Damit gewinnt die Holzwirtschaft eine neue Dimension, sie wird lebenserhaltend und entzieht sich der wirtschaftlichen Ausbeutung.

Wie bei den mineralischen Bodenschätzen zeigt sich auch für die nachwachsenden Grundstoffe, daß es Grenzen des Wachstums gibt, wenn in den natürlichen Kreislauf über Gebühr eingegriffen wird. Jedes organische Produktionssystem braucht für seine Kontinuität eine Regenerationsphase, um überleben zu können und Grundstoffe liefern zu können. Stört man diese Phase oder verkürzt sie um der höheren Ausbeutung willen, so muß man langfristig Schäden und Einbußen hinnehmen, die bei steigenden Anforderungen zu immer größer werdenden Defiziten führen müssen.

3. Naturalwirtschaft

Eine Naturalwirtschaft, wie wir sie in Form der Tauschwirtschaft kennen, ist heute nicht mehr möglich, selbst eine Wirtschaft, die darauf abstellt, daß jedes Land sich selbst versorgt, ist zum Scheitern verurteilt, weil ganze Erdteile sich nicht selbst versorgen können und auf die arbeitsteilige Weltwirtschaft angewiesen sind. Allein aus Versorgungsgründen ist eine Rückkehr zur Naturalwirtschaft auszuschließen und damit stellt sich der Naturwissenschaft und Technik die Aufgabe, aus der Naturalwirtschaft zu lernen, wie man ohne Vergeudung der naturgegebenen Grundstoffe Kreisläufe aufbaut, um eine begrenzte Weltbevölkerung weit über die Grenze der elementaren Not zu versorgen. Tatsächlich sind es nicht Technik und Naturwissenschaft, die sich der Lösung dieses Problems entgegenstellen, sondern der Egoismus der Industriestaaten, bei denen der Massenkonsum sich in den letzten 25 Jahren vervierfacht hat und der zu dem stetigen Anwachsen der Müllawine geführt hat und weiter führt, wie wir sie heute kennen.

Die Naturalwirtschaft wäre auf zweierlei Weise hilfreich bei der Lösung der Probleme unserer Wegwerf-Gesellschaft:

① Das Vorbild Natur bietet uns vielfältige Möglichkeiten und Beispiele dafür, wie Rohstoffe wieder in den Kreislauf gelangen, ohne daß sie auf Müllhalden zu „Unland" werden müssen. Diese Beispiele sind nachzuvollziehen.

② Der konsumierende Mensch wird lernen können, daß er auch ein Teil des natürlichen Kreislaufs ist und die Störung dieses Kreislaufs gleichzeitig eine Schädigung der Natur, aber auch der Menschheit ist.

III. Die industrielle Produktion

Wenn schon Lavoisier formuliert hat, daß kein Stoff verlorengeht, so gilt dies auch für die industrielle Produktion, bei der die Stoffe umgewandelt und verarbeitet werden, sich aber schließlich in den Roh-, Hilfs- und Betriebsstoffen und den Rest- und Abfallstoffen wiederfinden.

Während im industriellen Bereich aus Rohstoffversorgungs- und Produktionskostengründen die Rückführung von Materialien in den Kreislauf bereits seit vielen Jahren geübt und die Innovationsrate gerade hier sehr hoch ist, hat man im Bereich des Abfalls von Gewerbe und Haushaltungen mit Kompostwerken und Abfallverbrennungsanlagen Abfallbeseitigungsmethoden entwickelt, die eine Umwandlung in ein nützliches Gut erlauben. Dies jedoch schon Recycling zu nennen, hieße verkennen, daß es für die gewonnenen Güter sehr häufig keinen Markt gibt und der Preis den Erzeugungskosten nicht entspricht. Die angewandten maschinellen Methoden sollten sehr sorgfältig darauf geprüft werden, ob es sich hier darum handelt, Materialien wieder für den Kreislauf zu gewinnen.

2. Maschinelle Methoden

In den letzten Jahren sind die abfallbeseitigungspflichtigen Gemeinden insbesondere in dicht besiedelten Gebieten dazu übergegangen, die kostengünstige, aber weniger umweltfreundliche Deponie durch maschinelle Beseitigungsmethoden wie Kompostierung und Abfallverbrennung zu ersetzen. Die verschärften Umweltschutzbestimmungen haben ein übriges getan, um die relativ wahllose Nutzung von Grundstücken zu Deponiezwecken einzuschränken. Auch haben die Auflagen und Bedingungen im Genehmigungsverfahren zur Errichtung einer Deponie zu Betreibungskosten geführt, die den ursprünglichen Kostenvorteil gegenüber maschinellen Methoden immer weiter verringert. Während die geordnete Deponie im Rahmen der Landschaftsgestaltung weiterhin eine hilfreiche Rolle spielen wird, ist sie als Mittel zur Rückführung von Materialien nicht geeignet.

Interessante Entwicklungen der Materialrückgewinnung hat es in den Bereichen der Luft- und Wasserreinhaltung gegeben. In der Luftreinigung ist eine Verlagerung von den Trockenfiltern zu den Naßwäschern zu beobachten, und die ehedem ungehemmte Einleitung von Abwässern ist auch aus Gründen der Materialrückgewinnung erheblich eingeschränkt worden.

a) Abwasser

Parallel zu der Entwicklung, aus festen Abfallstoffen wieder einsetzbare Materialien zu gewinnen, wurden die Abwässer nicht mehr einfach in Flüsse und Seen eingeleitet, sondern einer mechanischen, biologischen oder chemischen Reinigung unterzogen. Einerseits, um die Belastung von Trinkwasser zu vermeiden, andererseits aber auch, um neue Rohstoffe zu gewinnen. Dies galt besonders für solche Abwässer, die organisch verschmutzt waren, während die Abwässer mit hoher anorganischer Belastung aus der Grundstoffindustrie und chemischen Industrie aus Gewohnheits- oder Wettbewerbsgründen noch zügig weiter eingeleitet werden, wobei auf die Selbstreinigungskraft — insbesondere des Rheins — vertraut wird. Das Ruhrgebiet mit den Flüssen Ruhr und Emscher zeigt eine weltweit anerkannte Lösung des Abwasserproblems. Während sich die Ruhr als einer der saubersten Flüsse Deutschlands zu einem Trinkwasserreservoir für das Industriegebiet entwickelt hat, wurde die Emscher zum Abwasserkanal des gesamten Gebietes umgebaut, die vor ihrer Einleitung in den Rhein mit einer der größten und modernsten Kläranlagen Europas versehen wurde. Damit wurde der überwiegende Teil des Abwassers des Reviers kontrolliert.

Die mit organischen Verbindungen belasteten Abwässer, besonders der Nahrungsmittelindustrie, waren in den Anfängen dieser Industrien kein Problem für die Mikroorganismen in den Gewässern. Der Abbau konnte vollständig erfolgen. Mit zunehmender Konzentration der Industrien und ihrer Abwässer kippten die Gewässer um: Durch Sauerstoffmangel entstanden übelriechende und giftige Faulmassen; da der Abbau unvollständig war, bildeten sich Schwefelwasserstoff, Ammoniak, Phenole und andere Zwischenprodukte des organischen Stoffwechsels. Diesem Bereich muß sich die Recycling-Industrie besonders zuwenden, denn je größer der Nährstoffgehalt der organischen Verbindungen in den Abwässern, desto größer wird die Verschmutzung der Gewässer, aber auch der Verlust an Nahrungsmitteln, der durch Ausscheiden aus dem Kreislauf zu beklagen ist.

Das Problem der Rückgewinnung liegt in der schnellen Verarbeitung der organischen Verbindungen zu Trockenpulvern, weil sie ohne Wasser von den Mikroorganismen nicht mehr angegriffen werden können.

Um von vorneherein den Mikroorganismen den Lebensraum zu entziehen, versucht man bei neueren Verfahren der Lebensmittelherstellung durch geringen Wassereinsatz gar nicht erst große Mengen an Abwässern entstehen zu lassen. Im Band 5 des Buches „Expandierende Märkte" des Spiegel-Verlages, Hamburg, sind einige Verfahren für einzelne Branchen beschrieben. Es gibt eine Reihe von Firmen, die Verfahren entwickelt haben, aus organisch verschmutzten Abwässern Rohstoffe für die Nahrungsmittelproduktion zu gewinnen. Auch für kleinere und mittlere Betriebe kann eine Aufbereitungsanlage mehr sein als ein kostenträchtiger Beitrag zum Umweltschutz. In den meisten Fällen amortisieren sich die Anlagen über den Verkauf der gewonnenen Rohstoffe und der Mehrfachnutzung des eingesetzten Prozeßwassers.

b) Müll und Klärschlamm

Müll und Klärschlamm aus dem kommunalen Bereich werden im großtechnischen Maßstab in Kompostierungs- und Verbrennungsanlagen aufbereitet und verarbeitet. Beide Verfahren geben in Teilbereichen die Möglichkeit der Rückgewinnung von Materialien. Besonders die Rückgewinnung von Eisenschrott hat dabei eine hohe Perfektion erreicht. Es werden Techniken angewandt, die es erlauben, den Schrott aus dem Rohmüll auszusortieren als auch aus der ausgebrannten Asche. Die Handauslese von Glas aus dem Rohmüll ist aus hygienischen Gründen inzwischen eingestellt worden. Weitere Möglichkeiten, Materialien aus den eingesetzten Abfällen zu gewinnen, bieten diese beiden Verfahren nicht. Betrachtet man sie dagegen im weiteren Sinne als Methoden, Stoffe wieder in den Wirtschaftskreislauf zu führen, so werden in beiden Fällen durch Umwandlung Güter gewonnen.

Bei der Kompostierung wird die Zersetzung eines Gemisches organischer Stoffe durch Kleinstlebewesen in feuchter und warmer Umgebung mit oder ohne Zugabe von Sauerstoff angestrebt. Der dabei gewonnene Kompost dient in erster Linie der Verbesserung des Bodens und erst in zweiter Linie als Humus.

Die Müllverbrennung ohne Wärmeausnutzung gewinnt als wirtschaftliches Gut lediglich die Müllasche. Abhängig vom Standort gelingt es gelegentlich, die Müllasche als Füllstoff im Straßenbau einzusetzen. In der Regel muß sie deponiert werden. Nutzt man die Wärme der Verbrennung zur Dampf- und Stromerzeugung, so kann der Verkauf dieser Energien je nach Marktposition einen wesentlichen Beitrag zur Minderung der Verbrennungskosten leisten.

Die im Hausmüll zusammengemischten Materialien, die durch ihre Menge auch als Rohstoffe wirtschaftliche Bedeutung haben (neben Schrott, Papier und Glas auch Textilien, Holz, Leder und Kunststoffe), haben dazu verführt, immer wieder neue Verfahren der Gewinnung von Rohstoffen zu entwickeln. Über die mechanische Aussortierung von Materialien bis hin zur Homogenisierung durch Einfrieren oder Wärmezufuhr wurden viele Technologien erprobt. Im großtechnischen Versuch haben sich bisher noch keine neuen Verfahren neben der Verbrennung und Kompostierung durchsetzen können. Eine Kombination von mechanischen Aussonderungstechniken in Verbindung mit einer Verbrennungsanlage, wie sie die Garret-Anlage in Bridgeport/USA darstellt, scheint die größten Aussichten zu bieten, um nennenswerte Mengen von Materialien zurückzugewinnen.

c) Industrielle Abfälle

Die Grenze zwischen Kreislaufstoffen, die im Verarbeitungsprozeß anfallen, und Abfallstoffen, die neben dem Produktionsprozeß aufgearbeitet werden müssen, ist häufig schwer zu ziehen. Betrachtet man z. B. die Filterstäube der Hochöfen zunächst als Abfallstoffe, so werden sie in dem Augenblick zu Kreislaufstoffen, in dem sie wegen ihres Eisen-Gehaltes (Fe-Gehalt) über die Sinteranlage wieder dem Roheisen-Herstellungsprozeß zugeführt werden.

Bei anderen Abfallstoffen ist die Grenze leichter zu ziehen. Dann nämlich, wenn die Höhe der Abfallbeseitigungskosten den Industriebetrieb zwingt, eine eigene Aufbereitungsanlage zu installieren, sind die anderen Abfallstoffe zunächst industrielle Abfälle. Bei gleichen Betriebskosten verschiedener Anlagen wird der Betrieb einer Rückgewinnungsanlage der Vorzug vor einer Beseitigungsanlage geben. Wird diese dann in den betrieblichen Ablauf integriert, so wird aus der Abfallaufbereitung schnell eine Materialbereitstellung, d. h., das Material hat den Kreislauf nie verlassen und ist kein Abfall geworden.

> *Besonders die industriellen Abfallstoffe machen deutlich, daß es überschüssige Materialien im Sinne von Abfall nur dort gibt, wo die Beseitigungskosten in ihrer Höhe die Kosten für die Rückführung in den Kreislauf noch nicht erreicht haben.*

In diesem Sinne ist auch die Regierung gut beraten, wenn sie in ihrem Abfallwirtschaftsprogramm dem Verursacherprinzip und nicht der Subventionierung von Recyclingverfahren das Wort redet. Allerdings sollte für mittelständische und kleinere Betriebe die Möglichkeit zur gemeinsamen Entsorgung erleichtert werden, ohne daß der Innovationswille dieses Wirtschaftszweiges entscheidend geschwächt wird.

V. Grenzen des Recycling

Einerseits wird es immer Abfälle geben, deren Aufarbeitungskosten jede Rückführung in den Kreislauf verbieten (Atommüll), andererseits tun sich die aufgearbeiteten Materialien als Produkte aus zweiter Hand schwer, einen eigenen Markt zu finden.

1. Produkte aus zweiter Hand

Bei den meisten Rohstoffen (bis auf Erdöl) sind die Weltmarktpreise hinter den sonstigen Kostensteigerungen zurückgeblieben. Auch die Rohstoffkonferenzen, bei denen die Entwicklungsländer permanent versuchen, höhere und gesichertere Preise für ihre Rohstoffe zu erzielen, haben noch nichts daran ändern können. Die mit der Recycling-Technologie gewonnenen Rohstoffe sind mit relativ hohen Aufarbeitungskosten belastet und werden andererseits als Proukte zweiter Wahl auf dem Markt diskriminiert.

Während z. B. Altglas lange Zeit gegen die niedrigen Rohstoffkosten bei der Glaserzeugung nicht konkurrieren konnte und deshalb auf die Deponie wanderte, hat sich Kompost bis heute nicht als Bodenverbesserer für die Landwirtschaft im größeren Umfang durchsetzen können.

Für die Produkte der Müllverbrennung zeigt sich ein ähnliches Bild. Die Asche findet nicht einmal als Füllstoff im Straßenbau einen Markt, weil die Bauunternehmen die Abfallstoffe ihrer Großkunden (Bergbau und Stahlindustrie) berücksichtigen müssen. Die Monopolstellung bei der Stahlerzeugung erlaubt, den Müllschrott zum Erzpreis zu handeln, weil die Verunreinigungen durch die Asche erheblich seien. Dampf und Strom müssen in den Konzessionsgebieten der Energieversorgungsunternehmen verkauft werden und unterliegen damit dem Wohlwollen der Unternehmen in der Preisgestaltung. Die geschilderten Marktbeeinträchtigungen treffen vor allem Produkte aus kommunalen Abfallbeseitigungsunternehmen, die auf dem freien Markt anbieten müssen. Schlechte Marktverhältnisse bedeuten niedrige Erlöse und damit weiterhin hohe und steigende Betriebskosten, die in Form von Gebühren von den Bürgern eingetrieben werden müssen. Die relativ hohen Betriebskosten belasten nicht nur den Bürger der betroffenen Gemeinde, sondern auch die Absatzchancen der Herstellerindustrie für Abfallbeseitigungsanlagen. Eine Anlage, die sich wirtschaftlich nicht einigermaßen vertreten läßt, ist selbst im kommunalen Bereich heute nicht mehr abzusetzen.

Es ist daher an der Zeit, den Produkten aus zweiter Hand den angemessenen Marktanteil einzuräumen, der ihrem Nutzen entspricht. Langfristig werden die Rohstoffpreise aufgrund zunehmender Verknappung steigen. Spätestens zu diesem Zeitpunkt haben auch die Produkte aus zweiter Hand die Chance, ihren Marktwert zu verbessern.

1. Roh-, Hilfs- und Betriebsstoffe

Während noch die Naturalwirtschaft in die natürlichen Kreisläufe eingebunden war, folgte die industrielle Produktion eigenen Gesetzen und erzeugte in zunehmendem Maße auf natürlichem Wege nicht verwertbare Abfallstoffe. Soweit sie als Roh-, Hilfs- und Betriebsstoffe im Produktionskreislauf eingingen, konnte man von Kreislaufstoffen sprechen. Z. B. bei der Stahlerzeugung gab es seit jeher Produkte und produktionsspezifische Abfälle, die im Produktionsprozeß als Roh-, Hilfs- oder Betriebsstoffe erneut eingesetzt werden konnten.

Aber es gab auch Produktionsverfahren, wie z. B. das Raffinieren von Rohöl, bei denen Produkte anfielen, die zunächst gar nicht als solche erkannt und deshalb vernichtet wurden. Es ist noch gar nicht so lange her, daß Propan und Butan in den Raffinerien abgefackelt wurden, um sie zu vernichten, anstatt sie als Heizgas in Flaschen zu verkaufen oder als Treibgas und Betriebsmittel in Spraydosen zu verwenden.

Die Tendenz, die Produktionsabläufe immer weiter zu verfeinern, beruht auf der betriebswirtschaftlichen Erkenntnis, daß ein hoher Produktausstoß kostensenkend, der verstärkte Anfall von Kreislaufstoffen in Form von Roh-, Hilfs- und Betriebsstoffen eher kostensteigernd ist, von den Beseitigungskosten für Abfallstoffe ganz zu schweigen. Verstärkt wurde diese Erkenntnis durch die Ölkrise und die damit zusammenhängenden Versorgungsschwierigkeiten für ganze Industriezweige. Hier wurde plötzlich als Roh-, Hilfs- und Betriebsstoff erkannt, was vorher Abfall gewesen war. Die Preiserhöhung machte Methoden der Aufarbeitung rentabel, die vorher zu teuer schienen.

Die industrielle Produktion ist durchaus in der Lage, durch Verbesserung der Technologien die Verfahrensabläufe so zu verfeinern, daß der Ausstoß sich immer mehr der 100 %-Marke nähert und damit Kreislaufstoffe und Abfälle immer weniger werden. Die Verknappung der Rohstoffe und die dadurch bedingte Preissteigerung machen Aufarbeitungsmethoden rentabel, die eine weitere Verringerung von Abfällen bewirken.

2. Rest- und Abfallstoffe

Trotzdem werden die Produktionssysteme des Menschen nicht die Perfektion der Natur erreichen können, so daß immer wieder Rest- und Abfallstoffe anfallen werden. Während **Reststoffe** sich in Form von überschüssigen Materialien und Lagerhütern darstellen, sind **Abfallstoffe** Rückstände aus der Produktion, die als Material objektiv zur Zeit nicht einsetzbar sind oder aus betriebswirtschaftlichen Gründen nicht eingesetzt werden sollen.

Soweit es objektive Gründe sind, die eine Rückführung in den Kreislauf verhindern, sind Abfallbeseitigungsmöglichkeiten zu schaffen, die sowohl umweltfreundlich sind, als auch eine spätere Rückführung in den Kreislauf nicht völlig ausschließen.

Subjektiv bestimmte Abfallstoffe werden zukünftig immer mehr in eine Schere geraten, deren eine Schneide bestimmt wird von dem Kostenbewußtsein, das sich aus den Grundsätzen des Verursacherprinzips ergibt und deren andere Schneide die zunehmende Rohstoffverknappung auf den Weltmärkten sein wird. Daraus, so könnte man folgern, ergibt sich, daß die Abfallwirtschaft eine zunehmend geringere Bedeutung erlangen wird. Leider zeigt sich in der Praxis zur Zeit noch eine gegenläufige Bewegung.

IV. Rückgewinnungsverfahren

Alle Systeme zur Sammlung und zum Transport von gewerblichen und kommunalen Abfällen sind vorrangig darauf ausgerichtet, Transport- und Sammlungskosten so niedrig wie möglich zu halten. Die Rückgewinnung von Materialien aus Abfällen tritt dabei in den Hintergrund. Auch die Verfahren zur Beseitigung von Abfällen laufen in erster Linie nach wirtschaftlichen Gesichtspunkten ab und kümmern sich erst danach um Umweltschutz und Daseinsvorsorge. Priorität hat immer noch die kostengünstige Ablagerung und die volumenreduzierende Müllverbrennung.

1. Sammlung und Sortierung von Hand

In Deutschland hat der Altwarenhandel schon immer in Kriegszeiten besonders geblüht, weil dann die Versorgung mit Rohstoffen besonders schwierig war. Das Besondere am Altwarenhandel der Kriegszeiten war seine Spezialisierung auf Stoffe (Knochen, Lumpen, Eisen und Papier) und die Sammlung in kleinsten Portionen, praktisch bei jedem Haushalt. Es erfolgte eine Vorsortierung von Hand.

Reste eines solchen Altwarenhandels sind auch heute noch in der Abfallwirtschaft zu finden: Die Altkleidersammlung der karitativen Verbände, das sporadische Auftauchen eines Schrotthändlers mit kleinem Lieferwagen, dessen Tätigkeit ergänzt wird durch Mitarbeiter der kommunalen Sperrmüllabfuhr, die den Schrott aus dem Sperrmüll aussortieren, die Flaschensammlungen in kommunale Container, die je nach Konjunkturlage erfolgten Sammlungen von Altpapier.

Um jedoch eine wirtschaftlich erfolgreiche Rückgewinnung von Materialien insbesondere aus kommunalen Abfällen durchführen zu können, ist es erforderlich, die einzelnen Bestandteile des Hausmülls getrennt zu erfassen und zu sammeln. Da dies nur in den Haushaltungen geschehen könnte, müßte den Hausfrauen ein Anreiz in Form eines Preises geboten werden, der die zusätzliche Mühe in etwa ausgleicht. Die in den letzten Jahren erheblich gestiegenen Kommunalabgaben — insbesondere die Müllabfuhrgebühren — lassen erwarten, daß die Bereitschaft der Haushalte zur getrennten Sammlung und Sortierung von Hand erhöht wird und damit die Voraussetzung geschaffen wird, die wesentlichen Rohstoffe und Materialien aus dem Haus- und Gewerbemüll herauszusortieren, um sie dem Materialkreislauf wieder zuführen zu können.

2. Das Abfallwirtschaftsprogramm der Bundesregierung

Dem **Umweltprogramm der Bundesregierung von 1971,** in dem die Situation im Abfallbereich charakterisiert wurde, folgte **1975** das **Abfallwirtschaftsprogramm,** das Ziele setzte und in seiner Grundkonzeption „eine an die Adresse der gesellschaftlichen Kräfte gerichtete Aussage der Bundesregierung enthielt, welches Verhalten im Licht einer planmäßigen, am Vorsorgeprinzip orientierten Abfallwirtschaftspolitik zweckmäßig erscheint.“

Die Jahr für Jahr steigenden Abfallmengen, die zur Errichtung von immer kostspieligeren Abfallbeseitigungsanlagen führten und deren technischer Aufwand durch Maßnahmen des Umweltschutzes in den Bereichen des Gewässerschutzes und der Luftreinhaltung weiter erhöht wird, zwingen zu Vorsorgemaßnahmen, aber auch zu der Überlegung, ob die anfallenden Abfälle nicht als Rohstoffe zu verwerten sind. Diese Gründe lassen es der Bundesregierung geboten erscheinen, nicht nur verstärkte Anstrengungen zur geordneten Abfallbeseitigung zu machen, sondern auch eine Verringerung und gesteigerte Verwertung anzustreben. Dazu sollen die Produktions- und Verbrauchsgewohnheiten überprüft und der Rohstoffkreislauf verbessert werden. Die **Ziele** sind in vier Punkte zusammengefaßt:

① Reduzierung der Abfälle auf Produktions- und Verbraucherebene unter folgenden Gesichtspunkten:

— Verringerung der Produktionsabfälle,

— Anwendung umweltfreundlicher Produktionsverfahren,

— Überprüfung des Materialeinsatzes hinsichtlich der Zweckbestimmung von Erzeugnissen,

— Erhöhung der Haltbarkeit von Produkten,

— Steigerung der Mehrfachverwendung von Produkten.

② Steigerung der Nutzbarmachung von Abfällen durch:

— Verwertung als Rohstoff im Produktionsprozeß,

— Ausnutzung des Energieinhaltes,

— Rückführung in biologische Kreisläufe.

③ Schadlose Beseitigung von Abfällen.

④ Zurechnung der Kosten nach dem Verursacherprinzip.

Das Abfallwirtschaftsprogramm soll nur ein erster Schritt sein, um das komplexe Gebiet der Abfallwirtschaft zu ordnen. Es ist vorgesehen, den Dialog mit der Wirtschaft und ihren Verbänden, der Wissenschaft sowie den Verwaltungen der Länder fortzusetzen.

In ihrer Grundkonzeption des Abfallwirtschaftsprogramms hält die Bundesregierung am **Verursacherprinzip** fest, besonders deshalb, weil nach ihrer Auffassung eine verursachungsgerechte Belastung mit den Kosten der Abfallbeseitigung bei den Betroffenen das Bestreben weckt, kostengünstigere Alternativen zur herkömmlichen Abfallbeseitigung zu suchen und sich um eine Verringerung des Abfallaufkommens zu bemühen. Das Abfallwirtschaftsprogramm gibt Auskunft über Schwerpunktmaßnahmen folgender Art:

— Verbesserung der statistischen Unterlagen als Grundlage abfallwirtschaftlicher Planungen.

— Aufklärung von Produzenten und Verbrauchern, Förderung der Ausbildung und Fortbildung von Fachkräften sowie Förderung des Erfahrungsaustausches.

— Förderung von Forschungs- und Entwicklungsvorhaben sowie von Modell- und Versuchsanlagen.

— Finanzhilfen für Produktionsmaßnahmen in besonderen Fällen, insbesondere der Erstinnovationen.

— Verbesserung der Marktsituation für Altmaterialien durch Beseitigung diskriminierender Regelungen für Verwertungsprodukte, Veränderung der Produktgestaltung und Produktionstechniken sowie Festlegung von Qualitätskriterien.

— Verbesserung der Organisation der Abfallwirtschaft.

— Schaffung und Ausbau von Abfallbeseitigungseinrichtungen.

— Weitere Entwicklung des Abfallrechts.

Fragen:

13. Erläutern Sie den Begriff der natürlichen Ressourcen.

14. Kennen Sie den Unterschied zwischen mineralischen und organischen Grundstoffen?

15. Was kennzeichnet die Produktionssysteme des Menschen?

16. Nennen Sie Rückgewinnungsverfahren.

17. Welche Recyclingprodukte liefert die Müllverbrennungsanlage?

18. Warum sind Recyclingprodukte schwerer in den Rohstoffmarkt einzubringen als andere Rohstoffe?

19. Nennen Sie Ziele des Abfallwirtschaftsprogramms der Bundesregierung.

E. Rechtsvorschriften

Die Handlungsweisen der Menschen untereinander sind seit jeher normiert worden, insbesondere dann, wenn der Freiheitsraum des einzelnen die Lebensbedingungen vieler über einen längeren Zeitraum unzumutbar beeinträchtigte, eine Entwicklung, die auch zu beobachten ist im Verhältnis von marktorientierter Industrie zum Verbraucher, der an seinem Lebensstandard ausgerichtet ist. Lange Zeit sah es so aus, als ob die Wohlfahrt der Industrie denn auch in Zukunft den absoluten Vorrang vor der Qualität des Lebens behalten sollte.

I. Die Wohlfahrt der Industrie

Ausgehend vom Herrschaftsanspruch des Menschen über die belebte und unbelebte Natur und der Philosophie des Naturrechts, die die Grundlage für die industrielle Entwicklung des 19. Jahrhunderts bildete, bietet der Manchester-Liberalismus ein Beispiel, wohin die Inanspruchnahme eines zu großen Freiheitsraumes durch den einzelnen führte. Erst um die Jahrhundertwende begann der Versuch des Gesetzgebers, dem ungezügelten Wachstum der Industrie einige umweltorientierte Zügel anzulegen. Wie schwer sich die Obrigkeit gegenüber der Industrie tat, zeigt die preußische technische Anleitung von 1895 zum Genehmigungsverfahren nach § 16 Gewerbeordnung: Die Beurteilung der Zumutbarkeit von Gefahren, Belästigungen und Nachteilen für Nachbarn und Publikum durch eine zu errichtende Anlage (von denen einige heute noch in Betrieb sind) wurde dem öffentlichen Interesse an der für die allgemeine Wohlfahrt unentbehrlichen Industrie untergeordnet. Wie die Umweltschutzkonferenz in Helsinki zeigte: Eine bis heute im Grundsatz beibehaltene Beurteilungsweise insbesondere der zu entwickelnden Länder.

In der Tat befindet sich der produzierende und konsumierende Mensch in einem Zielkonflikt. Die Wohlfahrt der Industrie ist auch die Wohlfahrt des aus der Industrie Einkommen beziehenden Individuums. Nicht nur der „profitgierige Unternehmer“, sondern auch der „einkommensbesessene Arbeitnehmer“ ist daran interessiert, seine speziellen Bedürfnisse zu befriedigen, und möchte gleichzeitig in einer Umwelt leben, die frei ist von den Belastungen, die durch eben dieses Streben nach Bedürfnisbefriedigung entstehen. Der Kompromiß ist absehbar: Der Schutz der allgemein genutzten Güter Wasser und Luft wird Vorrang erhalten müssen vor den Wünschen nach individueller Bedürfnisbefriedigung.

II. Umweltschutz — Schutz vor oder Schutz der Umwelt (gesetzliche Grundlagen)

Die Umwelt, in der wir leben müssen, ist geprägt durch die Industrie, die die von der Gesellschaft geforderten Massengüter produziert und sich dabei nach Marktgesetzen und nicht nach humanitären Idealen richtet. Das Ergebnis ist eine Belastung unseres Lebensbereichs durch Verschmutzung von Luft und Gewässern. Um Schutz vor einer so belasteten Umwelt zu haben, versucht z. B. der Großstädter in die Berge, ans Wasser oder einfach ins Grüne zu flüchten. Doch diese

Absicht werden in übervölkerten Siedlungsgebieten immer zu viele haben. So gelangt man zwangsläufig zu der Aufgabe, die noch relativ unberührte Umwelt vor dem allzu stürmischen Drängen ihrer Liebhaber bewahren zu müssen. Einerseits wurden also Gesetze geschaffen, um dem erholungssuchenden Menschen auch die letzten unberührten Gebiete zu erschließen, andererseits wird durch neue Gesetze der allzu freizügige Zugriff eingeschränkt werden müssen.

III. Das Abfallbeseitigungsgesetz

Neben der Belastung der Umwelt durch Luft und Wasserverschmutzung brachte das industrielle Zeitalter durch den Massenkonsum auch einen ungeheuren Anstieg von weggeworfenen, gebrauchten oder verbrauchten Sachen. Die Müllawine begann zu rollen, bedeckte große Flächen und verursachte erhebliche Belästigungen. Das Abfallbeseitigungsgesetz des Bundes, das am 10. 6. 1972 verkündet wurde, sollte diese Belästigungen einschränken, die Kosten dem Verursacher zuordnen und die Müllawine in geordnete Bahnen lenken. Die Bundesländer folgten mit eigenen Gesetzen, und in 1974 wurden die **Abfallnachweisverordnung** und die **Abfallbeförderungsverordnung** neben anderen als das Gesetz ergänzende Durchführungsbestimmungen in Kraft gesetzt.

1. Zweck des Gesetzes

In § 2 des Abfallbeseitigungsgesetzes liegt seine Zielbestimmung: Abfälle sind so zu beseitigen, daß das Wohl der Allgemeinheit nicht beeinträchtigt wird. Erstmals rückt damit die Allgemeinheit an die erste Stelle in der Betrachtung des wirtschaftlichen Ablaufs. Die Abfälle können nicht mehr so beseitigt werden, daß ihre Beseitigung die geringsten Kosten verursacht, sondern sie müssen so beseitigt werden, daß das Wohl der Allgemeinheit nicht beeinträchtigt wird. Mit diesem Gesetz wurde der Versuch unternommen, die sogenannten frei verfügbaren Güter der Erde vor allzu willkürlichem Gebrauch zu schützen und die Kosten nach dem Verursacherprinzip dem Erzeuger und nicht der Allgemeinheit anzulasten.

2. Abfallnachweisverordnung

Aufgrund des § 11 Abfallbeseitigungsgesetzes, der die Anzeigepflicht und die Überwachung von Beseitigungsanlagen, aber auch den Besitz von Abfällen regelt, hat die Bundesregierung im Juli 1974 die Verordnung über den Nachweis von Abfällen erlassen. Ziel dieser Verordnung ist die behördliche Kontrolle der Abfallmengen vom Erzeuger über den Transporteur bis zum Beseitiger. Als Ergebnis der Einführung dieser Verordnung sollte festgehalten werden, daß sich der nicht unerhebliche Verwaltungsaufwand im Hinblick auf den erheblich verbesserten Umweltschutz gelohnt hat.

F. Abfallbörse

Nicht nur der gesetzliche Zwang, sondern auch die wirtschaftliche Erkenntnis, daß Abfälle Rohstoffe sein können, hat Ordnung in die Abfallwirtschaft gebracht. Die Industrie- und Handelskammern haben als Selbstverwaltungsorgane der Wirtschaft mit den Abfallbörsen sowohl einen Beitrag zur geordneten Abfallbeseitigung, besonders aber zur Rückgewinnung und/oder Rückführung von Stoffen in den Kreislauf geleistet.

I. Sinn und Aufgaben der Abfallbörsen

Die Abfallbörsen sind organisatorische Einrichtungen, die durch Kontaktvermittlung verhindern sollen, daß Abfälle aus der industriellen Produktion sogleich zu Abfällen werden oder aber in eine Form gelangen, die eine Rückführung in den Kreislauf erheblich erschwert. Der Abfallerzeuger läßt sich durch die Börse einen Interessenten für seine produktionsspezifischen Reststoffe vermitteln. Der Interessent legt dar, in welchem Aggregatzustand und in welcher Menge er bereit ist, die anfallenden Abfallstoffe abzunehmen. Bei einer entsprechenden Kostenerstattung ist der Erzeuger sogar bereit, die anfallenden Abfälle einer entsprechenden Nachbehandlung zu unterziehen, und erreicht, daß sie dem Interessenten als Rohstoffe zur Verfügung gestellt werden können. In allen Fällen tritt die Abfallbörse nur als Vermittler auf.

1. Faktoren ihrer Gründung

Wenn Abfälle nichts anderes sind als Rohstoffe zur falschen Zeit am falschen Ort, dann liegt es nahe, eine Einrichtung zu schaffen, die durch Information die räumliche Benachteiligung egalisiert. Die chemische Industrie hat sehr früh schon in ihrem Fachverband diese Informationen ausgetauscht und, wie der grenzüberschreitende Abfallverkehr zeigt, auch international mit Erfolg praktiziert. Die zunehmende Verknappung der Rohstoffe und die gleichzeitige Verteuerung der Beseitigung von Abfallstoffen läßt die Industriebetriebe verstärkt prüfen, ob nicht manche Abfallstoffe durch eigene oder fremde Aufarbeitung zu Rohstoffen umgewandelt werden können. Als Mittler für diese Probleme haben sich die Kammern, aber auch die Fachverbände angeboten.

2. Selbsthilfe der Wirtschaft durch die Industrie- und Handelskammern (IHK)

Nicht zuletzt die leeren Kassen der öffentlichen Hand, aber auch die im Verursacherprinzip und im Abfallwirtschaftsprogramm der Bundesregierung ausgedrückte Haltung des Gesetzgebers ließ die Wirtschaft zur Selbsthilfe greifen. Zwar wäre es wünschenswert, wenn der Staat durch verlorene Zuschüsse an Forschung und Entwicklung für neue Technologien der Abfallbeseitigung einen größeren Beitrag leistete, doch sollte auch bedacht werden, daß erst die Not erfinderisch macht. Eine durch Subventionen verwöhnte Wirtschaft wird auf die Dauer nicht wettbewerbsfähig sein.

II. Organisation der Abfallbörsen

Die Abfallbörsen werden von den Industrie- und Handelskammern betrieben. An die Öffentlichkeit treten sie durch die Handelskammer-Nachrichten, in denen eine Spalte für die Abfallbörse bereitgestellt ist. Dort bieten Industriefirmen ihre Abfälle an. Der Interessent kann sich an die Kammer wenden, die ihm die Anschrift des Erzeugers vermittelt. Zwischen Interessent und Erzeuger wird dann verhandelt, zu welchen Bedingungen die Abfälle übernommen werden.

III. Praktische Bedeutung der Börse für die Wirtschaft

Die Abfallbörsen sind eine Ergänzung zu dem Recycling der Betriebe, und zwar in der Form, daß die Produkte/Abfälle, die nicht im eigenen Betrieb eingesetzt werden können, in dem erweiterten Nachbarbereich zur Verarbeitung untergebracht werden. Über den praktischen Erfolg der Abfallbörsen läßt sich wenig aussagen, da keine Meldepflicht für abgeschlossene Abfalltransaktionen besteht.

Antworten zu den Fragen

1. a) mangelnde Koordinierung von Zeit und Ort;
   b) Fehleinschätzung des Marktes.

2. Subjektiv: Materialien werden dann Abfall, wenn der Besitzer sie dazu erklärt.

   Objektiv: Materialien werden zu Abfall erklärt, wenn das Gemeinwohl die Beseitigung verlangt.

3. Änderung der Produktionsverfahren, Marktwandel.

4. Mengenbilanzen, Produktions-Ablauf-Aufzeichnungen, Inventur, außerbetriebliche Erhebungen anhand von Fragebogen.

5. Preisschwankungen verhindern Einsatz der Materialien und Verbrauchsänderungen bedingen andere Qualitäten. So entstehen objektiv Lagerhüter, während subjektive Gründe im menschlichen Fehlverhalten zu finden sind. Z. B.: Präferenz eines bestimmten Lieferanten trotz veränderter Qualität aus Preis- und Liefergründen.

6. Lagerhüter = wirtschaftliches Gut im Wartestand.

   Abfall = bewegliche Sache ohne wirtschaftliche Bedeutung für den Besitzer.

7. Ja, durch Bindung von Kapital und Lagerkosten auf längere Zeit kann ein Betrieb illiquide werden.

8. Beachtung der konjunkturellen Situation. Abstimmung Produktion—Lagerkapazität—Marktrisiko für Absatz und Beschaffung.

9. Natürliche Einbeziehung der Abfälle in den Kreislauf der Natur. Vernichtung und/oder Beseitigung von beweglichen Sachen ohne wirtschaftliche Bedeutung in dafür vorgesehenen Anlagen.

10. Verrottung insbesondere von Hausmüll und Klärschlamm in Kompostwerken und geordnete Ablagerung auf dafür vorgesehenen Plätzen.

11. Umweltschutzauflagen bedingen Standortprobleme, dazu kommen steigende Investitionskosten und Absatzschwierigkeiten der Recyclingprodukte Dampf, Strom, Schrott und Asche.

12. Nicht ohne vorherige Behandlung oder überhaupt nicht abzulagernder Abfall insbesondere der Industrie.

13. Primäre Ressourcen sind die mineralischen Bodenschätze. Die Natur hat uns darüber hinaus die organischen Bodenschätze bereitgestellt und produziert sie ständig neu.

14. Mineralische Bodenschätze wurden und werden in langen Zeiträumen durch geologische Prozesse erstellt. Organische Bodenschätze entstanden und entstehen durch den Kreislauf der Natur.

15. Sie sind unvollkommen und produzieren deshalb auch Abfälle.

16. Sammlung und Sortierung von Hand, maschinelle Methoden wie Schrottauslese durch Magneten, mechanische Aussonderung durch Fliehkraft, Verbrennung und Gewinnung von Dampf, Strom, Asche; bei der Kompostierung Gewinnung von bodenverbessernder Erde.

17. Strom, Dampf, Schrott, Asche, Staub.

18. Qualitätsschwankungen und unterschiedlicher Mengenanfall verhindern echte Konkurrenz.

19. Reduzierung der Abfälle beim Verbraucher;
    Steigerung der Nutzbarmachung;
    schadlose Beseitigung von Abfällen;
    Belastung des Verursachers mit den Kosten.

Literaturverzeichnis

Eppler, Erhard, Ende oder Wende? Deutscher Taschenbuch-Verlag, München 1976.

Expandierende Märkte, Band 5, Recycling in der Materialwirtschaft, Spiegel-Verlag, Hamburg 1975.

Gabor, Dennis, Colombo, Umberto, u. a., Das Ende der Verschwendung, Deutsche Verlags-Anstalt, Stuttgart 1976.

Hungerbühler, Eberhard, Neuer Rohstoff Müll = Recycling, Otto Maier Verlag, Ravensburg 1975.

Kahn, Hermann und Wiener, Anthony J., Ihr werdet es erleben, Voraussagen der Wissenschaft bis zum Jahr 2000, Rowohlt Taschenbuch Verlag, Reinbek 1971.

Kumpf, Maas, Straub, Handbuch für Müll- und Abfallbeseitigung, Erich Schmidt Verlag, Berlin.

Meadows, Dennis L. u. a., Wachstum bis zur Katastrophe?, Deutscher Taschenbuch Verlag, München 1976.

Rauball, Reinhard, Umweltschutz (Aktuelle Dokumente), Walter de Gruyter & Co., Berlin 1972.

VDI-Bildungswerk, Handbuch zum Umweltschutz-Kolloquium Abfallwirtschaft in Düsseldorf vom 7. bis 9. 2. 1977.

Umweltbericht 1976 der Bundesregierung, Verlag W. Kohlhammer, Stuttgart 1976.

Das neue Abfallbeseitigungsrecht 1976, Weka Verlag, Fachverlag für Verwaltung und Industrie, Kissing 1976.

Abwasser-Abgabengesetz, Weka Verlag, Kissing 1976.

Informationsschriften von Herstellerfirmen:

Imperial-Krauss-Maffei-Industrieanlagen GmbH, Report: Anlage zur Sondermüllverbrennung in Bayern.

Keller-Peukert GmbH, IV. Müll-Kolloquium der Gruppe BSH-VKW am 28. und 29. 10. 1976 in Leverkusen.

Claudius Peters GmbH, Abfallverbrennungsanlagen für Kommunen und Industrie.

SVR: Schriftenreihe Siedlungsverband Ruhrkohlenbezirk, Abfallbeseitigung im Ruhrgebiet 1971—1973.

Thyssen Energie GmbH, Umweltfreundliche Müllbeseitigung durch Kompostierung.

VKW, Vereinigte Kesselwerke AG, Verbrennungsanlage für Sondermüll Zweckverband Sondermüllplätze Mittelfranken/Schwaben.

Zweckverband Gemeinschafts-Müll-Verbrennungsanlage Niederrhein, ein Beispiel regionaler und interkommunaler Zusammenarbeit auf freiwilliger Basis.

Lehrunterlagen zum

Fachkaufmann für Einkauf/Materialwirtschaft

Aufgabe der Beschaffung

Organisation der Beschaffung

Der Markt und seine Mechanismen

Beschaffungsplanung und Budgetierung in der Materialwirtschaft

Materialbedarf und Bestellmenge

ABC-Analyse / Preisanalyse

Wertanalyse

Einkaufsvorbereitung

Einkaufsabwicklung

Importgeschäfte

Recycling

Transport und Warenannahme

Material- und Lagerverwaltung

Inventuraufnahme und Bewertung

Rechtskunde

Volks- und betriebswirtschaftliche Grundlagen, Teil 1

Volks- und betriebswirtschaftliche Grundlagen, Teil 2

Führungstechniken

GPSR Compliance

The European Union's (EU) General Product Safety Regulation (GPSR) is a set of rules that requires consumer products to be safe and our obligations to ensure this.

If you have any concerns about our products, you can contact us on ProductSafety@springernature.com

In case Publisher is established outside the EU, the EU authorized representative is:

Springer Nature Customer Service Center GmbH
Europaplatz 3
69115 Heidelberg, Germany

Batch number: 10577876

Printed by Printforce, the Netherlands